国防教育全视角知识书系

尖端武器
SOPHISTICATED WEAPON

防空导弹

李 杰 主编

王凤岭 著

中国科学技术出版社

·北 京·

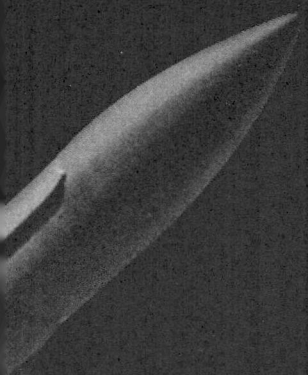

图书在版编目（CIP）数据

防空导弹/王凤岭著. —北京：中国科学技术出版社，
2020.6（2024.8重印）

（尖端武器/李杰主编）

ISBN 978-7-5046-8478-3

Ⅰ.①防… Ⅱ.①王… Ⅲ.①防空导弹－世界－青少
年读物 Ⅳ.①E927-49

中国版本图书馆CIP数据核字（2019）第258432号

总 策 划	秦德继
策划编辑	李惠兴 郭秋霞
责任编辑	关东东 王绍昱
装帧设计	中文天地
绘 图	崔玮龙 于丽娇
封面设计	崔玮龙
责任校对	杨京华
责任印制	马宇晨

出 版	中国科学技术出版社
发 行	中国科学技术出版社有限公司
地 址	北京市海淀区中关村南大街16号
邮 编	100081
发行电话	010-62173865
传 真	010-62173081
网 址	http://www.cspbooks.com.cn

开 本	710mm×1000mm 1/16
字 数	185千字
印 张	12
版 次	2020年6月第1版
印 次	2024年8月第2次印刷
印 刷	唐山富达印务有限公司
书 号	ISBN 978-7-5046-8478-3/E·13
定 价	59.80元

丛书编委会

主　编：李　杰

副主编：刘胜俊

专家组：（以姓氏笔画为序）

　　　　王凤岭　李　杰　李树宝

　　　　侯建军　瞿雁冰

前言

2018年4月14日凌晨在叙利亚首都大马士革的空中传来巨大爆炸声。报道称美英军方当天共向叙利亚目标发射103枚巡航导弹，叙利亚防空兵动用俄罗斯生产的S-125、S-200、山毛榉等型号防空武器成功击落其中71枚……

防空作战作为现代战争的一种作战样式，正在高新技术的推动下发生着重大而深刻的变革。高新技术打造了多种多样的先进防空武器，是遂行防空作战行动不可或缺的物质基础。传统的防空武器已不适应日益发展的防空作战需求和信息化战争的需要。计算机技术、精确制导技术、雷达技术、激光技术、红外技术、火箭发动机技术、新材料技术等，踊跃加入防空武器制造技术行列之中，从地面、水上（下）发射拦截敌方空天兵器的地空导弹、舰空导弹兵器不断更新换代，高端防空兵器的研制日新月异，为现代防空作战注入了新的活力。

《防空导弹》一书重点介绍防空导弹（地空导弹、舰空导弹）武器系统、制导技术基本原理和作战使用知识。全书共分七章：第一章，介绍防空导弹的概念、组成、功能、分类和发展概况；第二～五章，介绍世界先进防空导弹；第六章，防空导弹作战使用的典型战例分析；第七章，对未来防空导弹的发展趋势进行展望。本书收集了国外数十种型号的先进防空导弹和在研的新型防空导弹，逐一简介，以飨读者。

《防空导弹》一书，重点面向广大青少年军事爱好者，也可为军事人员、从事军事科研工作的科研人员提供相关信息资料。编者在编辑中，力争做到图文并茂、通俗易懂、鲜活生动、典型翔实，体现可读性、知识性、实用性、趣味性和前瞻性。

　　由于编者掌握的资料有限和能力水平有限，书中若有问题、错误，敬请读者批评指正，以期再版时改正。

王凤岭

目录

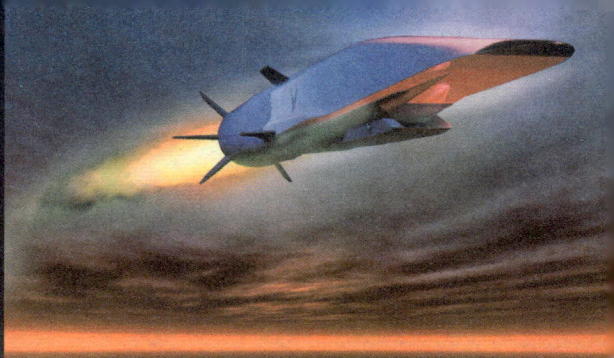

第 1 章

防空导弹：
空天防御利器

进攻与防御是战争的两个方面。自从有了空袭兵器，防空武器也应运而生。

1911 年 11 月 1 日，意大利飞行员朱里奥·加沃蒂少尉驾驶"鸽"式飞机，在北非战场上向土耳其军队阵地投下了 4 颗榴弹（各重 2 千克），这是人类历史上自从有了飞机以来的第一次空袭行动。

高射炮率先成了对付飞机的防空武器。1906 年，德国研制出世界第一门防空高射炮。1915 年，俄国研制成 76 毫米防空加农炮型高射炮。第一次世界大战中，高射炮被用于拦截空袭飞机的防空作战。

防空导弹后来居上，成为现代防空作战的必要手段。第二次世界大战期间，德国先后研制了"瀑布""龙胆""蝴蝶"及"莱茵之女"等地空导弹，为后来防空导弹的发展提供了技术支撑。20 世纪 50 年代末，美国、苏联研制了中高空、中远程防空导弹，其主要代表型号为美国的"波马克"和"奈基"Ⅰ、Ⅱ型地空导弹，苏联的"萨姆"-1 和"萨姆"-2 地空导弹。

一、防空导弹之神秘面纱

防空导弹是指从地面发射车（或人员肩扛）、海上（下）舰船、潜艇发射的用于拦截敌方空袭兵器的地空导弹、舰空导弹、潜空导弹的统称。

在美国和一些欧洲国家，地空导弹、舰空导弹、潜空导弹一般被称为面对空导弹。在俄罗斯等俄语种国家，地空导弹、舰空导弹通常被称为高射导弹。

从 20 世纪 40 年代至今，世界各国已研制的防空导弹型号达 120 余种，其中装备部队 90 多种，正在研制的有 20 多种。美国、俄罗斯、以色列、德国、法国、意大利、英国等在内的 30 多个国家拥有研制（仿制）防空导弹的能力。美国的"爱国者"地空导弹、"萨德"反导导弹、俄罗斯的 S-300、S-400 地空导弹更是声名显赫。

二、解剖防空导弹武器系统"五脏六腑"

与自然界中形形色色生物的生命活动一样，防空导弹作战活动靠的是完整的武器系统。每种型号的防空导弹武器系统，也由多个分系统（类似生物器官）组成，这些像生物体的"器官"，主要包括侦察预警装备、防空导弹、发射系统、制导系统、指挥控制系统和技术保障设备。

1. 目标侦察指示雷达（耳目）

目标侦察指示雷达，是指用于搜索、识别、跟踪和指示目标的专用雷达。它是防空导弹武器系统的"耳目"。包括警戒雷达、制导雷达、低空补盲雷达等。

◎俄罗斯对空警戒雷达

2. 防空导弹（拳脚）

防空导弹是防空导弹武器系统的"拳脚"。主要由制导装置、战斗部、引信、动力装置、弹体与弹翼等组成。但各型防空导弹的具体组成也不相同。

（1）制导装置。防空导弹制导系统中，它是弹上制导、控制仪器设备的总称。根据制导体制和工作原理不同，弹上制导装置包括导引头（或无线电控制探测仪或引导接收机）、自动驾驶仪、执行机构等。

（2）战斗部。是导弹弹上配置中用来直接摧毁和杀伤空（天）中目标

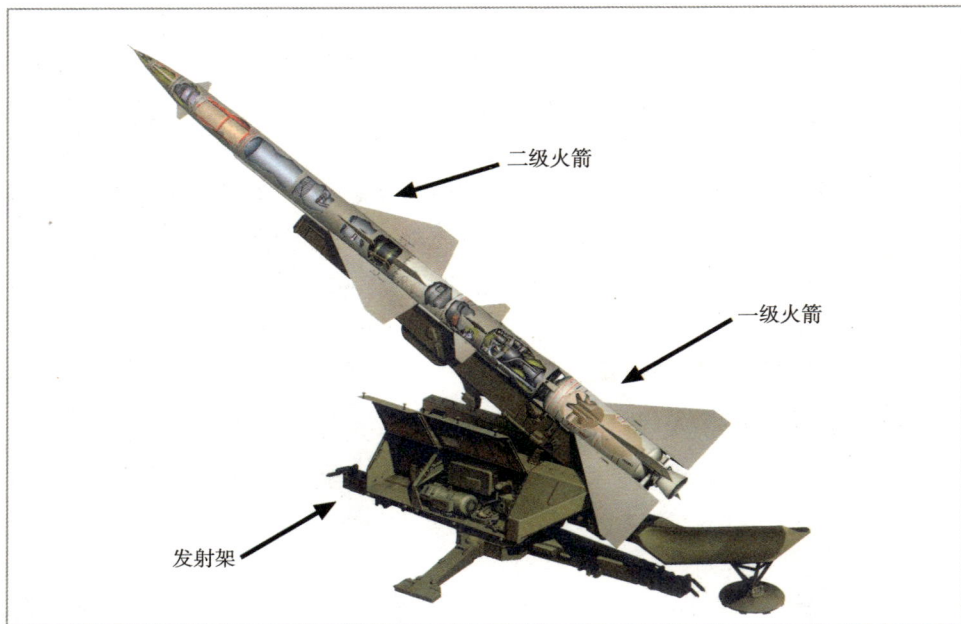

◎ "萨姆" -2地空导弹剖视图

图中标注：二级火箭、一级火箭、发射架

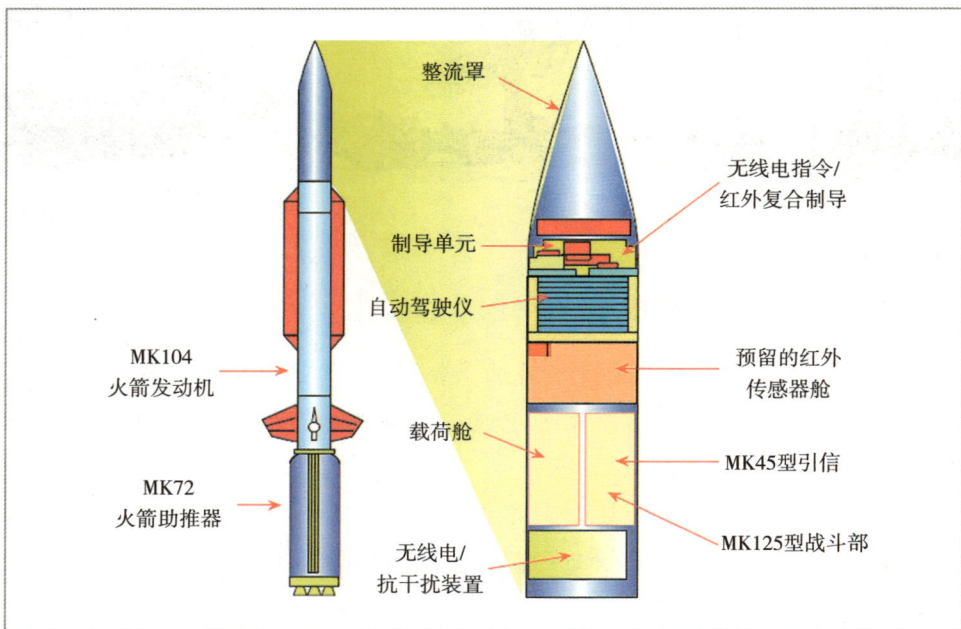

图中标注：整流罩、无线电指令/红外复合制导、制导单元、自动驾驶仪、MK104火箭发动机、预留的红外传感器舱、MK45型引信、载荷舱、MK72火箭助推器、MK125型战斗部、无线电/抗干扰装置

◎ 美军用于TBMD导弹防御系统的SM-2 Block IVA导弹结构图　制导装置通常在弹体前部仪器舱内

的装置，是导弹的有效载荷。战斗部一般由壳体、装填物和传爆系列等组成。主要有常规战斗部（爆破战斗部、杀伤战斗部、杀伤爆破战斗部、聚能战斗部等）、核战斗部（原子弹头）、特种战斗部（干扰战斗部）。

（3）引信。是利用环境信息和目标信息，在预定条件下控制战斗部在相对于目标最有利的位置或时机起爆或引爆战斗部装药的控制装置。由探测目标的传感器、使战斗部爆炸的点火机构和确保安全的保险机构组成，具备安全控制、解除保险、感知目标、起爆控制等基本功能。

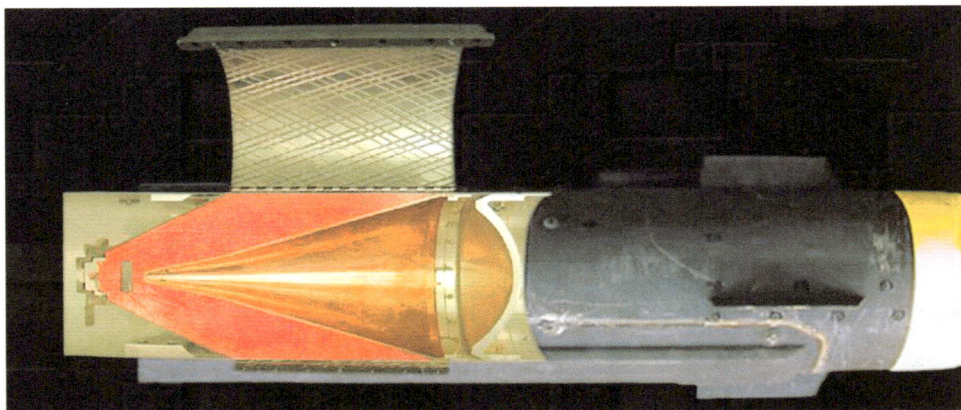

◎破片杀伤式战斗部

◎防空导弹引信位于弹体前部

◎动力装置位于弹体中后部

（4）**动力装置**。是为防空导弹飞行提供动力源的装置。亦称防空导弹推进系统。通常由喷气发动机和推进剂供应系统组成。喷气发动机分为火箭发动机和空气喷气发动机 2 种。火箭发动机又分为固体火箭发动机、液体火箭发动机和混合推进剂火箭发动机 3 种。动力装置是防空导弹的重要组成部分。现代防空导弹通常采用固体火箭发动机。

（5）**弹体**。是防空导弹的外部结构系统。由壳体、空气动力面、操纵机构等组成，用于容纳和安装战斗部、制导装置、动力装置、电源设备等。

◎发射中的防空导弹

知识链接

为什么防空导弹多采用非接触式引信？

随着高新技术的发展，现代作战飞机的飞行速度、高度、机动、隐身性能均大幅度提升，这对防空作战提出了新的挑战。为适应空防斗争的需要，要求提高防空导弹的命中精度和杀伤概率，因而主要国家研制的现代防空导弹多采用预制破片式非触发引信。其基本原理是：防空导弹在飞机飞行时经过的空域（航线）提前引爆战斗部，所产生的大量杀伤破片形成一个弹幕，将会大幅提升毁伤飞机的概率。如果使用多枚导弹攻击一个目标，则产生的弹片覆盖区域更大，击毁飞机的概率更高。

（6）弹翼。是安装在弹体外壳上、用于产生控制防空导弹飞行的力和力矩的空气动力面。包括主翼、舵面、前翼、副翼和稳定尾翼。一般按"十"形或"X"形配置。

主翼：稳定防空导弹飞行和产生升力的空气动力面。

前翼：提高防空导弹可控性的空气动力面。

副翼：产生改变和稳定防空导弹滚动力矩的可控空气动力面。

稳定尾翼：稳定防空导弹飞行的空气动力面。

◎防空导弹弹翼

固体火箭发动机

固体火箭发动机是防空导弹动力系统的重要装置。它是使用固体化学推进剂的化学火箭发动机，由壳体、固体推进剂（火药柱）、燃烧室、喷管组件和点火装置等组成。固体推进剂有聚氨酯、聚丁二烯、硝酸酯增塑聚醚等。以"萨姆"-2 地空导弹为例，其固体发动机工作原理是：固体推进剂点燃后在燃烧室中燃烧，化学能转化为热能，生产高温高压的燃烧产物；燃烧产物流经喷管时膨胀加速，热能转变为动能，以高速从喷管排出而产生推力，将导弹推离发射架，导弹按发射架所指方向飞行。其飞行时间较短，约几秒钟，便与导弹二级火箭脱离落地。

3. 发射系统（手臂）

发射系统是用于运输、装退、支撑和发射导弹的设备，主要由发射装置和发射控制设备组成。它是防空导弹武器系统的"手臂"。防空导弹常用变角倾斜发射方式，或垂直发射方式。

4. 制导系统（小脑）

制导系统是用于测定目标和导弹的位置及其运动参数，按导引规律（引导方法）确定的飞行弹道形成修正航迹的指令，指引导弹飞向目标的设备。它是防空导弹武器系统的"小脑"。主要由地面（舰载）和导弹上的制导设备组成，或者全由导弹上的制导设备组成。防空导弹制导设备的组成和各种制导设备的配置形式随制导方式的不同而有很大差异。

◎俄罗斯48H6E2地空导弹发射装置

5. 指挥控制系统（大脑）

指挥控制系统是用于指挥控制武器系统各型雷达搜索、识别、跟踪和指示目标，发射系统准备与发射导弹，制导系统控制导弹飞行的人机系统。它是防空导弹武器系统的"大脑"。

6. 技术保障设备（粮草官）

技术保障设备是用于检查、维修和安装防空导弹的各种设备和装置，以保证导弹弹体的对接装配、推进剂加注、导弹综合测试、装填（发射筒、箱）和导弹运输，以及模拟训练等。它是防空导弹武器系统的"粮草官"。防空导弹部队的技术保障设备通常编制有技术保障营或连的建制装备规模。

◎ 俄罗斯54K6E机动指挥车

三、透视"神奇武功"

　　防空导弹武器系统的种类与型号繁多，装备结构与"个头"大小也有很大区别，小的有单兵便携式导弹，大的由数辆或几十辆车载设备构成。不过，无论什么样的防空导弹，要遂行拦截空（天）中目标的作战行动，就必须具备预警侦察、搜索识别、指示跟踪、发射导弹、制导控制、电子对抗和杀伤目标等功能。

◎ "萨姆" -7 便携式地空导弹

1. 预警侦察

在现代防空作战中，拥有信息优势是夺取战场优势的关键因素，预警侦察已成为夺取防空作战胜利不可或缺的手段。一般来说，防空导弹武器系统要求预警侦察系统提供的目标信息，在距离上越远越好，在时间上越早越好。

目前世界各国装备部署的预警侦察系统，主要有陆基、海基、空基和天基四大类预警侦察系统。

（1）陆基预警侦察系统。主要由各种地面固定和机动式雷达、电子侦察装备、光电探测装备等组成，包括地面弹道导弹相控阵预警雷达、超视距雷达、远程监视雷达、固定信号情报侦察站、车载无线电侦察/测向系统、战场侦察雷达、战场光学侦察系统、战场传感器侦察系统等各种侦察装备，用于侦察探测空中、地面、水上及水下目标。

◎天波超视距雷达

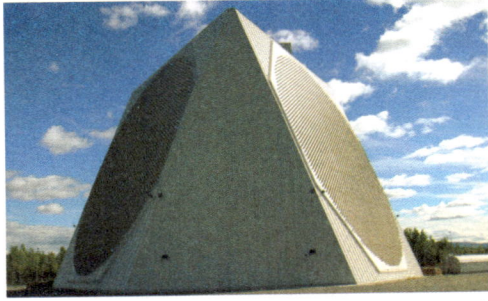

◎美国 AN FPS-132 "铺路爪"预警雷达

（2）海基预警侦察系统。主要由各种水面、舰载雷达系统，声呐系统、电子侦察设备、水声侦察仪、磁异探测仪、潜望镜等侦察设备以及红外、微光、

◎美国SBX-1雷达（海基X波段）

◎俄罗斯里夫舰载雷达

◎空基预警侦察系统

激光、电视等光电侦测设备组成。海基预警情报侦察系统可不受国界限制，远航抵近目标持续侦察，可弥补空中和地面侦察的不足。

（3）空基预警侦察系统。主要由各种预警机、气球载雷达、预警飞艇、反潜巡逻机、各种类型的侦察机等组成。空基预警侦察系统具有获取侦察探测范围广、灵活机动、信息时效性强、目标影像直观等特点。

◎美国E-2"鹰眼"预警机

（4）天基预警侦察系统。由星载侦察设备和地面信息接收处理系统组成。主要包括导弹预警卫星、照相侦察卫星、电子侦察卫星和海洋监视卫星等。卫星上载有光电遥感器、雷达/无线电接收机等侦察设备，从轨道上对目标实施侦察、监视、跟踪。侦察设备记录目标反射或辐射的电磁波、可见光、红外信号，用无线电传输方式实时或延时传到地面接收站。信号经处理、判读，获得有价值的情报。

知识链接

防空雷达是怎样发现空中目标的？

雷达（RADAR），是英文"Radio Detection and Ranging"（无线电侦测和定距）的缩写及音译。它是利用电磁波探测目标的电子设备。最早投入实战使用的防空雷达是由英国于1936年研制出来的。其探测原理是：雷达发射电磁波对目标进行照射并接收其回波，由此获得目标至电磁波发射点的距离、距离变化率（径向速度）、方位、高度及其变化率等信息。防空系统的雷达多属主动性探测设备。防空雷达的优点是白天黑夜均能探测远距离的目标，且不受雾、云和雨的影响，具有全天候、全时辰探测的特点。因此，防空雷达是军队不可或缺的电子装备。

◎美军"天基红外监视"（SBIRS）预警卫星

2. 搜索识别

　　防空导弹武器系统在进行防空作战时，最关键的是能搜索发现空中目标。不同的防空导弹武器系统，由于担负的拦截空中目标任务不同，其配备的搜索雷达性能也不相同。但是，搜索识别是不可或缺的功能。

声呐系统

　　声呐系统是利用声波对水下物体进行探测和定位识别的方法及所用设备的总称。一般由基阵（水声换能器分系统）、电子机柜（发射、接收、显示和控制分系统）和辅助设备（电源、随动、导流罩分系统）组成。按工作方式可分为主动声呐和被动声呐；按用途可分为水面舰艇声呐、潜艇声呐、航空声呐、便携式声呐和海岸声呐等。其工作原理：主动声呐是由声呐发射声波"照射"目标，而后接收水中目标反射的回波以测定目标的参数；被动声呐是通过接收舰船等水中目标产生的辐射噪声和水声设备发射的信号来测定目标的方位。

◎目标搜索雷达

3. 指示跟踪

◎目标指示雷达

　　为了完成拦截空中目标的任务，需要警戒雷达、目标指示雷达为防空导弹武器系统的指挥系统和制导系统提供正确的目标指示信息，以保证有效识别敌我、防止误伤和快速准确地跟踪目标。

　　通过对空中目标的精确跟踪，可以获得发射导弹所需的

◎俄罗斯S-300导弹系统的64N6E雷达

目标速度、距离、高度、机型、架数等诸元素。由于防空导弹武器系统工作体制不同，可由地面雷达或弹上导引头来完成目标跟踪。

4. 发射导弹

当防空导弹武器系统对空中目标进行稳定跟踪后，便可发射导弹。具备发射条件的导弹由人工手动发射或系统自动发射。对一批空中目标，可视情发射1~3枚导弹。

◎伊朗"霍克"地空导弹发射（倾斜式）

◎导弹发射瞬间

5. 制导控制

根据目标飞行数据，并按照预定的导引规律把导弹导向空中目标的过程叫作导弹制导。这个过程一般分为初始段制导、中间段制导和末段制导三个阶段，导弹在不同的飞行阶段有不同的导引规律。对导弹的制导控制是防空导弹拦截空中目标的关键功能。

6. 电子对抗

现代防空作战正面临日益复杂的电子干扰环境，消除电子干扰是防空导弹完成拦截目标任务的重要环节，也是其重要的作战功能。反电子干扰的手段通常有频率捷变和极化捷变等。

7. 杀伤目标

杀伤目标是防空导弹武器系统遂行作战任务的最终目的，实现这个目的要由弹上引信战斗部装置来完成。

当导弹按导引规律接近目标到一定距离时，引信开始工作；当弹上仪器敏感捕捉到目标存在且信号积累足够强时，适时引爆战斗部以杀伤空中目标，完成拦截任务。

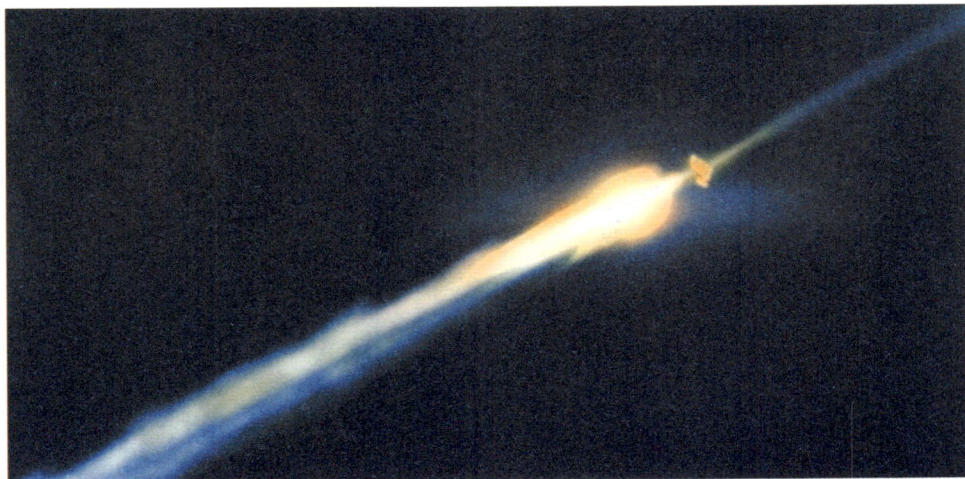

◎防空导弹杀伤目标示意图

除上述功能外，防空导弹武器系统还必须具备自行供电、检测、维修、通信、机动等保障功能。

四、防空导弹的分类

防空导弹分类有多种，可按防空任务、保卫目标、发射位置、射程远近、制导方式进行分类。

1. 按防空任务分类

防空导弹按防空任务，主要分为国土防空导弹、野战防空导弹、海上防空导弹。

（1）国土防空导弹。国土防空导弹是用于保卫国土范围内区域或要地的防空导弹的统称。这类防空导弹在世界上装备数量最多。其特点是防御范围大、防空反导相结合。主要研制装备该类防空导弹的国家有美国、俄罗斯、以色列。代表型号有美国的"奈基"（第一代）、"霍克"（第二代）、"爱国者"（第三代、第四代），苏联 / 俄罗斯的"萨姆"-2（S-75，第一代）、"萨姆"-3（S-125，第二代）、"萨姆"-10（S-300，第三代）、"萨姆"-21

◎美国"奈基"地空导弹

（S-400，第四代），以色列的"箭"-2（第三代），法国与意大利的"紫菀"-30（第四代）防空导弹等。

（2）野战防空导弹。野战防空导弹是用于保卫野战部队遂行作战行动的防空导弹的统称。已研制使用的此类防空导弹型号与数量众多。其特点是机动性和快速反应能力强。比较典型的野战防空导弹有美国的"复仇者"（第二代）、俄罗斯的"铠甲"（第三代）、德国与法国研制的"罗兰特"（第二代）、法国的"西北风"（第二代）地空导弹等。此外，世界一些国家和地区研制的弹炮结合防空系统配置的导弹也属于野战防空导弹范畴。

知识链接

防空导弹是如何划代的？

　　自从防空导弹诞生后，各国研制出了种类、型号多样的传统防空导弹、现代防空导弹。防空导弹的划代，主要是按照研制和服役年代来划分的。通常认为，20世纪50年代研制和装备使用的防空导弹被称为第一代，20世纪60年代开始研制、70年代装备使用的称为第二代，20世纪70年代研制、80年代开始装备使用的称为第三代，20世纪90年代开始研制、21世纪初开始装备使用的称为第四代。拥有第四代防空导弹研制能力的国家主要有俄罗斯、美国、以色列、中国和西欧少数国家。

◎法国"西北风"地空导弹

光电遥感器

　　光电遥感器（探测器）是根据被探测对象辐射或反射的光波特征来探测和识别对象，并把光信号转换为电信号的探测装置。它的主要器件是光电子发射器件和光电导器件。根据遥感器件的工作机理不同，光电遥感器可分为光子遥感器和热遥感器。其工作原理是利用光电效应，热遥感器吸收了光辐射能量后温度升高，这时就改变了它的电学性能，从而实现对目标的探测、成像功能。光电遥感器被广泛用于光电自动探测系统、光电跟踪系统、红外光谱系统、导弹制导系统、卫星探测系统、雷达探测系统中。

◎俄罗斯"施基利"舰空导弹

◎以色列"箭"-3战区防空导弹

（3）海上防空导弹。海上防空导弹是用于保卫海上舰队或单个舰艇的舰载防空导弹的统称，也叫舰空导弹。其特点是火力覆盖区域大、便于舰上安装、能在舰艇运动时发射导弹。目前世界海军研制装备的舰空导弹，有专门研制的，有地空导弹改装的，也有空空导弹改装的。典型的舰空导弹型号有美国的"小猎犬"（第一代）、"标准"-2/3（第三、第四代），苏联/俄罗斯的"盖莱德"（SA-N-2，第一代）、"施基利"（SA-N-12，第二代）、"里夫"（S-300地空导弹改装型，第三代），以色列的"巴拉克"-1（第二代）舰空导弹等。

2. 按保卫目标分类

防空导弹按保卫目标，主要分为区域防空导弹、要地防空导弹、伴随掩护防空导弹。

（1）区域防空导弹。区域防空导弹是用于保卫某个区域的防空导弹的统称。所谓区域防空，既包括国土区域防空，也包括舰队区域防空，还包括战区区域防空。这种类型的防空导弹射程远、防御面积大。典型的区域防空导弹有美国的"爱国者"-3（第四代）、"标准"-3（第四代），以色列的"箭"-3（第四代）和俄罗斯的S-400（第四代）区域防空导弹。

（2）要地防空导弹。要地防空导弹是用于保卫某个要地的防空导弹的统称。所谓要地防空，包括国土防空中的要地防空、区域防空中的要地防空、舰队防空区域内的单舰防空、野战防空中的要点（面）防空等。这种类型的防空导弹通常是中、近程防空导弹。典型的要地防空导弹有美国的"爱国者"-2（第三代）、以色列的"箭"-2（第三代）、俄罗斯的"山毛榉"（"萨姆"-17，第三代）等。

◎俄罗斯"山毛榉"-M1地空导弹

（3）伴随掩护防空导弹。伴随掩护防空导弹是用于伴随机械化部队同步行动的防空导弹的统称。这种类型的防空导弹通常是近程防空导弹和弹炮结合防空系统。其特点是机动性强。主要配置于陆军机械化部队、海军陆战队和空军空降部队。典型的伴随掩护防空导弹有俄罗斯的"通古斯卡"（第二代）、"道尔"（第三代），法国的"响尾蛇"（第二代）近程低空防空导弹等。

◎俄罗斯"通古斯卡"防空导弹武器系统

3. 按发射位置分类

防空导弹按发射位置，可主要分为地空导弹（陆基）、舰空导弹（海基）和空空导弹（空基）。

（1）地空导弹。地空导弹是指从地面车辆、地下发射井发射或靠人工肩扛发射，攻击太空或空中目标的导弹。它是防空导弹的一种基本类型，是地空导弹武器系统的核心，是现代防空武器系统中的重要组成部分。地空导弹型号数量众多。与高射炮相比，地空导弹射程远，射高大，单发命中率高；与防空作战飞机相比，地空导弹反应速度快，火力猛，威力大，不受目标速度和高度限制，可以在高、中、低空及远、中、近程构成严密的防空火力网。经过"二战"后70多年的发展，已有60多个国家和地区装备了地空导弹，共计有70余种、100多型在役，有30多个国家具有研制和生产能力。

◎ 苏联"萨姆"-A6地空导弹

　　（2）舰空导弹。舰空导弹是指从舰艇上发射，拦截敌军来袭飞机、导弹等空中或太空目标的导弹。亦称舰艇防空导弹。它是防空导弹的一种基本类型，是舰艇防空的主要武器之一，是现代防空武器系统中的重要组成部分。它是组成舰空导弹武器系统的核心，与舰艇上的指挥控制系统、探测跟踪设备、水平稳定和发射装置等构成舰空导弹武器系统。

4. 按射程远近分类

　　防空导弹按发射距离远近，可分为短、近、中、远程防空导弹。

　　（1）短程防空导弹。短程防空导弹是指射程为 10 千米以内的防空导弹。如单兵便携式地空导弹、英国研制的"轻剑"-2000 地空导弹。

　　（2）近程防空导弹。近程防空导弹是指射程为 10～20 千米的防空导弹。如俄罗斯的 9K330 地空导弹（"道尔"-M）、法国的"响尾蛇"地空导弹、美国的"海麻雀"舰空导弹（RIM-7M）。

　　（3）中程防空导弹。中程防空导弹是指射程为 20～100 千米的防空导弹。如欧洲导弹集团的"阿斯派德"-2000 地空导弹，苏联的 S-75 地空导弹、

◎英国"轻剑"-2000地空导弹及发射单元

◎法国"响尾蛇"地空导弹

俄罗斯的 S-300 地空导弹（原型），美国的"爱国者"-2（PAC-2）地空导弹、"标准"-2（SM-2）舰空导弹等。

（4）远程防空导弹。远程防空导弹是指射程为 100 千米以上的防空导弹。如美国的"爱国者"-3MSE（PAC-3MSE）地空导弹、俄罗斯的 48H6E2 地空导弹（S-400 系统的一种导弹型号）。

5. 按制导方式分类

防空导弹按制导方式，主要分为寻的制导防空导弹、指令制导防空导弹和复合制导防空导弹。

（1）寻的制导防空导弹。寻的制导防空导弹是指由弹上导引头自行测

防空导弹按射程分类的意义是什么？

知识链接

防空导弹进行拦截作战时，通常以发射阵地为中心，短程防空导弹的作战距离为10千米，近程防空导弹为10～20千米，中程防空导弹为20～100千米，远程防空导弹为100千米以外。如同弹道导弹按射程分类一样，防空导弹按照射程进行分类亦是一种分类方法。防空导弹按射程分类的意义在于，其射程的界定既要考虑到空地打击武器和飞行器性能特点因素，又要考虑到防空导弹武器系统的数量、体积、机动力、使命任务和成本因素，还要考虑到整个防空体系能力互补、发挥各自优势的因素。

◎ "阿斯派德" -2000地空导弹

◎ 俄罗斯48H6E2地空导弹

定目标相对导弹的运动参数，并在弹上形成控制指令的防空导弹。美国的"霍克"地空导弹采用雷达半主动寻的制导，"毒刺"单兵防空导弹采用红外被动寻的制导。

（2）指令制导防空导弹。指令制导防空导弹是指由设在地面、水面的制导站测定目标和导弹相对位置，并向导弹发出制导指令进行制导的防空导弹。苏联的"萨姆"-2、俄罗斯的"道尔"地空导弹，就是采用无线电遥控指令制导的防空导弹。

（3）复合制导防空导弹。复合制导防空导弹是指采用 2 种以上制导方式制导的防空导弹。美国的"爱国者"、俄罗斯 S-300 等地空导弹，都采用复合制导。

相控阵雷达

相控阵雷达是现代防空导弹武器系统不可或缺的重要设备。它是利用数百、数千个小型天线单元排列成天线阵面，通过独立移相开关个别控制各天线单元发射的相位，来合成不同相位波束，实现对360度范围内的多目标探测、跟踪和多通道导弹的制导。其主要特点有：无机械运动，采用电子扫描，波束指向灵活，扫描快速，数据率高；一部雷达天线阵面可实现搜索、识别、跟踪、制导等多种功能；可同时监视、跟踪数百个空中目标；少量天线单元失效仍能正常工作，可靠性高；抗电子干扰能力强。

◎美国"毒刺"单兵防空导弹

五、防空导弹如何"百步穿杨"

2008 年 2 月 21 日，美国海军"伊利湖"号导弹巡洋舰在西北太平洋上发射了 1 枚"标准"-3 型导弹，摧毁了 1 颗太空轨道上失控的间谍卫星。2017 年 5 月 30 日，美军使用 GBI 地基拦截导弹首次成功进行了拦截洲际弹道导弹目标试验。

防空导弹何以拥有如此神功？那就要说说防空导弹的制导控制，因为制导系统能使导弹准确摧毁空中目标。防空导弹制导系统是导引系统和控制系统的总称，是测量和计算导弹对目标或空间基准线的相对位置，以预定的导引规律控制导弹飞达目标的系统。防空导弹武器系统应用的制导技术十分广泛，各种制导体制具有不同的特点和优势。以下重点介绍寻的制导技术。

1. 指令制导：指哪打哪

防空导弹实现指令制导，是由地面（舰船）制导站测量导弹、目标的运用参数，并将导弹的运动参数同目标的运动参数进行比较，根据选定的导引规律形成制导指令，通过指令传输装置发送到导弹上；导弹对接收到的信号进行处理，送到执行机构（自动驾驶仪），执行机构根据指令调整导弹的飞行姿态，最后使其接近和命中目标。

指令形成装置根据所选定的导引规律和目标、导弹参数进行比较，以形成导弹控制指令。

指令发射装置将控制指令转换成便于传输的无线电信号向弹上发送。指令接收装置负责将接受的无线电指令进行解调、解码，送到弹上执行机构，调整导弹飞行轨迹并准备命中目标。

指令制导的优点是弹上设备简单，大部分设备在地面或舰船上，便于人工干预，导引方法灵活，采用相控阵雷达可以同时对付多个目标。但在制导过程中需要连续进行跟踪和指令传输，因而易受电子干扰和反辐射导弹的攻击。指令制导的方法有三点法、半前置法等。

© 美国GBI 导弹升空

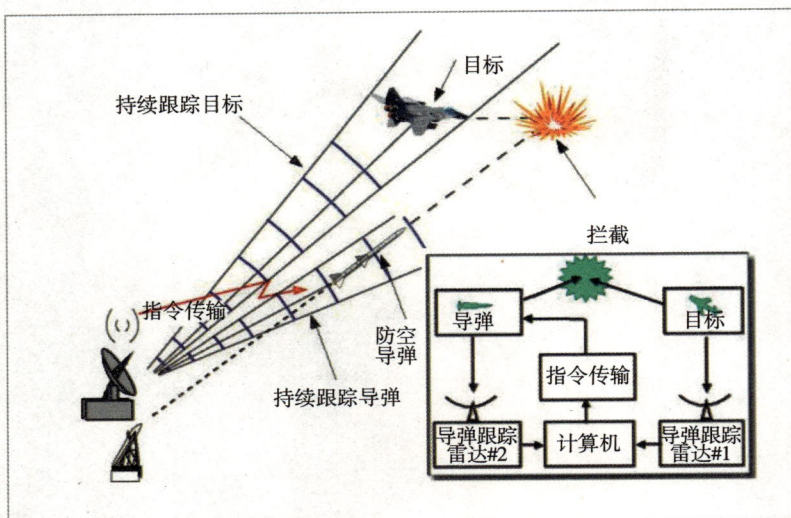

◎指令制导原理示意图

图中标注：
目标
持续跟踪目标
拦截
指令传输
导弹
目标
防空导弹
持续跟踪导弹
指令传输
计算机
导弹跟踪雷达#2
导弹跟踪雷达#1

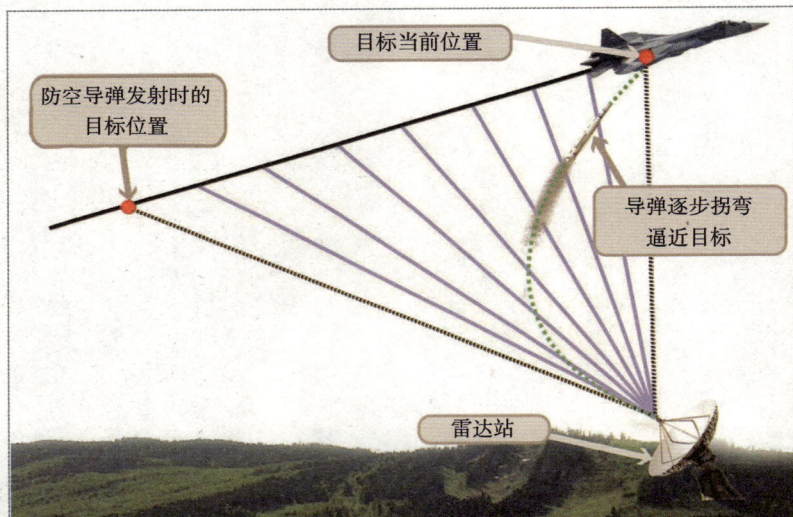

◎三点法指令制导示意图

图中标注：
目标当前位置
防空导弹发射时的目标位置
导弹逐步拐弯逼近目标
雷达站

　　防空导弹指令制导的实质是指令指向哪里，导弹就打向哪里，正所谓"唯命是从，准确到位，直杀目标"。

2. 寻的制导：紧追不舍

防空导弹实现寻的制导，是通过装在导弹上的导引装置接收目标辐射或反射信号后，导弹能够自主地搜索、捕获、识别、跟踪和攻击目标。其实质是发现目标就"循迹紧追，自我鞭策，直到摧毁"。

由于防空导弹导引头所接收的目标辐射和散射能量有光、电、热等多种情况，因而导引头的类型也多种多样。根据寻的制导的电磁波波段不同，可分为射频寻的制导和光学制导两大类型。根据能源的物理特性，寻的制导分为微波寻的、毫米波寻的、红外寻的、激光寻的、电视寻的等几种制导方式；根据能源（辐射源）所在位置，寻的制导又分为主动寻的、半主动寻的和被动寻的 3 种制导方式。

寻的制导系统由装在弹体上的导引头、指令计算机和导弹控制装置等组成。导引头是寻的制导系统的关键，它能感知目标辐射或反射的电磁波，自动测量目标的运动参数。指令计算机接收参数后，计算形成制导指令。控制装置对指令进行适当变换，驱动导弹的飞行方向，直至命中目标。

寻的制导具有自主性好、火控系统简单、制导精度高等优点。为了提高武器系统的机动性、快速性、火力强度、攻击多目标和抗干扰能力，在防空导弹武器系统中，也越来越多地采用寻的制导方式。

（1）微波寻的制导。微波是指频率范围为 0.3 ~ 300 吉赫的电磁波，它覆盖了大部分雷达频段。微波寻的制导是利用弹上的设备接收目标发射或反射的微波，实现对目标的探测、跟踪并形成控制指令，引导导弹飞向目标并杀伤目标。微波寻的制导的特点是作用距离远，可全天候使用。微波制导分为微波主动寻的制导、微波半主动寻的制导和微波被动寻的制导。

① 微波主动寻的制导：寻的装置全部在导弹上，即导弹上装有主动式导引头。导引头向目标照射电磁波，由接收机接收目标反射回的电磁波，利用回波信息确定导弹与目标的相对位置与速率，形成导引规律所需要的控制指令，来控制导弹飞行，直至命中目标。主动寻的制导的突出特点是"发射后不管"。

随着科技的不断进步与空中威胁不断加剧，作为现代最重要的主动寻的制导技术正在广泛地应用于防空导弹武器系统，将使防空导弹武器系统具备多方位、多层次、抗电子干扰、抗击多目标的能力，以多通道密集火力来对抗饱和式空袭。

② 微波半主动寻的制导：这种制导方式的电磁波能量来自地基、海基的制导站。由导弹上的导引头接收目标的反射回波，同时接收制导站的照射信号，以照射信号为基准信号，经两种信号比较处理，提取出目标的诸元数据，然后由弹上计算机算出导弹飞行误差，输出导引规律所要求的信息，形成控制指令，控制导弹飞向目标。

半主动寻的制导有雷达半主动寻的制导和激光半主动寻的制导两种。美国的"霍克"地空导弹、"标准"舰空导弹，苏联的"萨姆"-6地空导弹和意大利的"阿斯派德"地空导弹，都采用了雷达半主动寻的制导。与主动式寻的制导相比，半主动寻的制导的最大优点是弹上制导设备简单、成本低、导引精度较高、拦截距离远；主要缺陷是由于照射雷达要始终瞄准目标，易遭到反辐射导弹的攻击。

③ 微波被动寻的制导：这种制导方式的电磁波能量来自目标辐射或反射的电磁波能量，通过弹上导引头接收目标信息，经过相应处理，实现对目标的搜索、捕捉、跟踪与拦截，并最终命中目标。

被动寻的制导被称为"便宜而有效"的制导方式。通信卫星的电波、喷气发动机的尾烟等都可能成为这种制导武器的"向导"。反辐射地空导弹采用了雷达被动寻的制导方式，单兵便携式防空导弹则采用了红外被动寻的制导方式。

（2）毫米波寻的制导。毫米波的频率范围在30～300吉赫，介于微波与红外波段之间，具有微波全天候与红外分辨率高的优点，是防空导弹

知识链接

寻的制导是如何实现紧追不舍的？

先进防空导弹武器系统对导弹的飞行控制多采用复合制导。当防空导弹制导雷达锁定目标后发射导弹，导弹飞行初始段采用惯性制导，飞行中段采用无线电指令指导，飞行末段采用主动雷达制导，这样就保证了防空导弹始终沿着武器控制系统给定的弹道飞行，实现了"瞄准-发射-跟踪-摧毁"过程的不间断控制，以及惯性制导不易受干扰、指令制导距离较远和寻的制导精度高的优势互补。美国的"爱国者"系列、"标准"系列防空导弹，都采用寻的制导，来适应防空导弹武器系统增大射程、提高命中精度、增强抗干扰能力和反隐身等作战需求。

武器系统较为理想的可选波段之一。

与微波寻的制导相比，毫米波寻的制导的优点是制导精度高、抗电子干扰能力强、体积小、重量轻；缺点是大气和降雨对毫米波传播的衰减比微波大，因而作用距离有限，大雨时难以正常工作。

与红外及光学寻的制导相比，毫米波寻的制导的优点是受烟尘的影响小，能够适应复杂的战场环境及恶劣的气候条件；缺点是制导精度比光电制导低。

1978 年，英国部署了采用 8 毫米波段雷达指令制导的"长剑"-2 地空导弹。1998 年，美国"爱国者"-3 地空导弹装配了新型相控阵 8 毫米波段导引头。

（3）红外寻的制导。红外寻的制导，就是利用弹上红外探测器对目标红外的辐射，实现对目标的捕获、识别与跟踪，根据探测结果向导弹飞行控制系统发送目标位置诸元，控制导弹飞向目标并摧毁目标。主要分为红外点源寻的制导、扫描红外成像寻的制导、凝视红外成像寻的制导。

① 红外点源寻的制导：典型特征是采用单元探测器或四象限探测器、不成像。典型代表有美国的"红眼睛"、

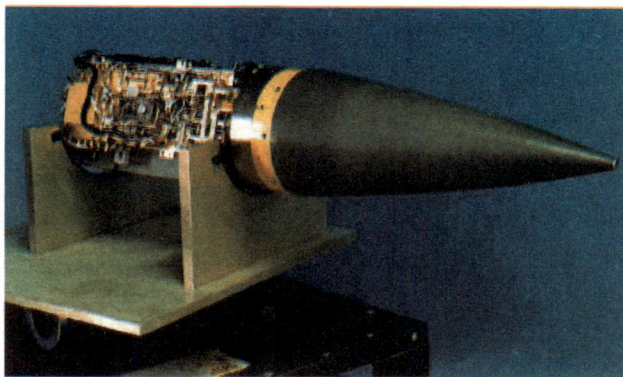

◎美国"爱国者"-3导弹导引头

什么是"发射后不管"？

"发射后不管"通常是指导弹发射后无须导弹以外的设施或人员参与控制，完全靠自身制导系统对目标进行自主跟踪和攻击的导弹制导方式。采用此类制导方式的导弹又称发射后自主导弹。根据导弹导引方式分类，自主式制导和部分寻的式制导都具有发射后不管的能力。防空导弹要实现"发射后不管"，可以采用的制导方式包括：惯性制导、激光制导、毫米波制导、红外制导、电视制导和主动雷达制导，现代防空导弹通常采用复合式制导。"发射后不管"的优点很多，主要是发射平台无须连续长时间地进行制导，不但可以攻击更多的目标，且可提高发射平台的安全性。

苏联的"萨姆"-7便携式地空导弹。主要用于拦截飞行速度较慢的空中目标。

② 扫描红外成像寻的制导：典型特征是采用扫描机构，通过扫描对目标场景成像。典型代表有美国的"毒刺"、法国的"西北风"便携式地空导弹。主要用于拦截飞行速度低于音速的空中目标。

③ 凝视红外成像寻的制导：典型特征是不采用扫描机构，单次曝光可得到二维图像。典型代表有美国的"萨德"反导导弹、"标准"-3舰空反导导弹和以色列的"箭"-2防空反导导弹，其中"标准"-3舰空反导导弹采用了中波和长波双色凝视红外成像导引头，主要用于拦截战术弹道导弹和飞机等空中目标。凝视红外成像寻的制导技术的应用使防空导弹的探测距离、跟踪精度等性能大幅提高，具有了更高的抗干扰能力、真正意义上的全向拦截能力和易损部位选择攻击能力，实现了"发射后不管"。

（4）激光寻的制导。激光寻的制导，是由弹外或弹上的激光束照射在目标上，弹上的激光寻的器利用目标漫反射的激光，实现对目标的跟踪和对导弹的控制，使导弹飞向目标并杀伤目标的制导方式。按照激光源所处位置不同，激光寻的制导又分为半主动激光寻的制导与主动激光寻的制导。

① 半主动激光寻的制导：激光源放在弹外载体上，而激光寻的器放在弹上。主要优点是精度高、抗干扰能力强、成本低。缺点是恶劣天气和硝烟对制导精度影响大。瑞典的 RBS-70 地空导弹采用此种制导方式。

② 主动激光寻的制导：激光源和激光寻的器均设置在弹上。当导弹发射后，能主动寻找被攻击目标，是一种"发射后不管"的制导方式。目前，防空反导导弹的主动激光成像寻的制导技术处于研究阶段，一旦成功，将为下一代防空武器的发展注入新的生命力。

（5）可见光（电视）成像制导。可见光（电视）成像制导，是利用可见光 CCD（电荷耦合元件）作为制导系统的敏感器件或电视摄像机，实现捕获、识别、定位、跟踪直至摧毁目标的制导方式。可见光（电视）成像制导主要有电视寻的制导、电视遥控制导、电视跟踪指令制导 3 种方式。

可见光（电视）成像制导的优点是：电视分辨率高，能提供清晰的目标图像，便于鉴别真假目标，不会被敌方电子干扰装置所干扰，制导精度很高。主要缺陷是：由于可见光（电视）制导是利用目标反射可见光信息进行制导的，所以在烟、雾、尘、雨等能见度差的情况下，作战效能下降，且夜间不能使用。美国已在反导导弹的大气层外拦截器上安装了可见光（电视）成像制导系统。

3. 复合制导：优势互补

复合制导技术在防空导弹上的应用始于 20 世纪 50 年代。苏联的"萨姆"-5 地空导弹采用无线电指令＋雷达主动寻的制导，法国的"响尾蛇"地空导弹采用红外＋雷达制导，美国的"爱国者"地空导弹采用惯性制导＋毫米波主动雷达寻的制导。

由于不同的制导体制既有优点，又有缺陷，特别是电子干扰、隐身飞机、反辐射导弹、饱和攻击等威胁日趋严重，迫使世界各国在防空反导武器研制上把目标瞄在了复合制导技术上。复合制导可综合利用几种制导方式的优点，弥补缺点，提高制导精度，进而实现"优势互补，同舟共济、合力杀敌"的目的。

◎采用红外复合制导的法国"响尾蛇"地空导弹

复合制导是指由多种模式的导引设备参与制导，共同完成导弹制导任务的制导方式。从广义上说，复合制导包括多导引头的复合制导，多制导方式的复合制导，多功能的复合制导，多导引规律的串联、并联及串并联的复合制导。

六、四代防空导弹

防空导弹的研发始于第二次世界大战。纳粹德国为了对付盟国飞机的袭击，先后研制了"瀑布""龙胆""蝴蝶"及"莱茵之女"地空导弹，但没有投入作战使用。70多年来，地空导弹已发展到了第四代，正在研发第五代。同时，地空导弹技术也为舰空导弹、空空导弹的研发奠定了良好的基础。

1. 第一代防空导弹神威初露

第一代防空导弹在20世纪50年代研制成功，并投入作战使用，包括美国的"波马克"、"奈基"Ⅱ、"黄铜骑士"型防空导弹，苏联的"萨姆"-1、"萨姆"-2、"萨姆"-5地空导弹和英国的"警犬"防空导弹。这一代防空导弹的主要特点：多属中高空、中远程防空导弹，射程在30～100千米（"波马克"地空导弹为320千米），最大射高30千米；推进系统有液体火箭发动机、固体火箭发动机、冲压发动机等类型；采用无线电指令制导、波束制导和半主动雷达寻的制导。第一代防空导弹机动性、抗干扰性能较差，使用维护复杂。

"萨姆"-2地空导弹首战击落了美制RB-57D侦察机，并在国土防空作战中一共击落5架美制U-2高空侦察机。在越南战争中，"萨姆"-2地空导弹就击落了美国29架B-52战略轰炸机和860余架各型飞机。

◎ 美国"奈基"-2地空导弹

2. 第二代防空导弹显威战场

第二代防空导弹从 20 世纪 60 年代开始研制，70 年代投入作战使用。典型型号有苏联的"萨姆"-6、"萨姆"-8、"萨姆"-9 地空导弹，法国的"响尾蛇"地空导弹，英国的"轻剑"地空导弹和"海狼"舰空导弹，北约的"海麻雀"舰空导弹，美国的改进型"霍克"地空导弹等。这一代地空／舰空导弹武器系统的主要特点是，多数型号导弹采用单级固体火箭推进，采用微波、激光、红外或光电复合制导技术，火控雷达为脉冲多普勒搜索雷达或单脉冲跟踪雷达，导弹小而轻便，反应时间较短（10 秒左右），有一定的抗干扰能力。

在第四次中东战争、英阿马岛战争、第一次阿富汗战争中，"萨姆"-6、"萨

◎英国"海狼"舰空导弹

"爱国者"-2 为什么能拦截"飞毛腿"？

1991年1月21日上午10点，伊拉克军队从中部地区发射 1 枚"飞毛腿"B 型地地战术弹道导弹。16 秒钟后，美国导弹预警卫星发现"飞毛腿"导弹的喷焰，向卫星地面站发送预警情报。部署在沙特的"爱国者"-2 地空导弹系统的相控阵雷达在距发射阵地100多千米处发现目标，进行跟踪、识别、比算、确认后发射了导弹。弹上战斗部摧毁目标，整个拦截过程在1分钟之内完成。其成功拦截"飞毛腿"的综合因素有：美国预警卫星及时提供了"飞毛腿"的发射与飞行信息，卫星地面站和指挥中心提供了准确的目标识别信息，指战员反应速度快、操作熟练，武器系统性能先进，"飞毛腿"飞行航线固定不变。

姆"-7、"霍克"、"轻剑"、"吹管"和"毒刺"地空导弹曾击落了大量飞机，第二代防空导弹一次又一次地在战场上大显神威。

3. 第三代防空导弹威力巨大

第三代防空导弹于 20 世纪 70 年代研制，80 年代开始服役。主要型号有美国"爱国者"-2 地空导弹、"标准"-2 舰空导弹（增程型），苏联 S-300P/V（"萨姆"-10、"萨姆"-12）系列地空导弹，以色列"箭"-2 地空导弹，法国新一代"响尾蛇"地空地导弹和"西北风"舰空导弹，英国"星光"便携式防空导弹等。第三代地空／舰空导弹武器系统的主要特点是：制导方式多样，有效射程扩大，电子对抗能力增强，射击通道增加，一次性拦截效

◎苏联/俄罗斯的"萨姆"-12 地空导弹

脉冲多普勒搜索雷达

脉冲多普勒搜索雷达是利用信号频域特性分辨和检测目标的一种脉冲雷达。它的这种信号处理方式可获得近于最佳的信号功率与杂波加噪声功率之比，及较精确的目标距离和径向速度（高低角速度、方位角速度）数据。其主要特点有：选用足够高的脉冲重复频率，保证在频域上能区分杂波和运动目标；能实现对脉冲串频谱中单根谱线的多普勒滤波，提供精确的速度信息；采用高稳定度的主振放大式发射机，保证有高纯频谱的发射信号；天线波瓣有极低的副瓣电平，在副瓣杂波区检测运动目标的能力强。

能提升，杀伤威力巨大。

海湾战争中，"爱国者"凭借大战"飞毛腿"的战绩而名声大噪、家喻户晓。最重要的一点，是它创下了一个世界纪录——地空导弹第一次击落战术地地导弹。

4. 第四代防空导弹威风凛凛

第四代防空导弹包括第三代的升级型和正在研制的型号，有的型号已装备部队使用。主要有美国的"爱国者"-3 地空导弹、"标准"-3 舰空 / 地空导弹、"标准"-6 舰空导弹、"萨德"末段高层反导导弹、GBI 地基中段反导导弹，西欧的"紫菀"-15、"紫菀"-30 地空 / 舰空导弹，俄罗斯的 S-400、"安泰"-2500 地空导弹，以色列的"箭"-3 地空导弹等。这一代防空导弹武器系统的主要特点是：武器系统开始运用模块化结构技术，作战反应时间短，射击通道多，火力密集，复合制导，防御范围大，电子对抗能力强，一次性射击效能高，反飞机、反导弹（巡航导弹、空地导弹、弹道导弹）趋于一体化。

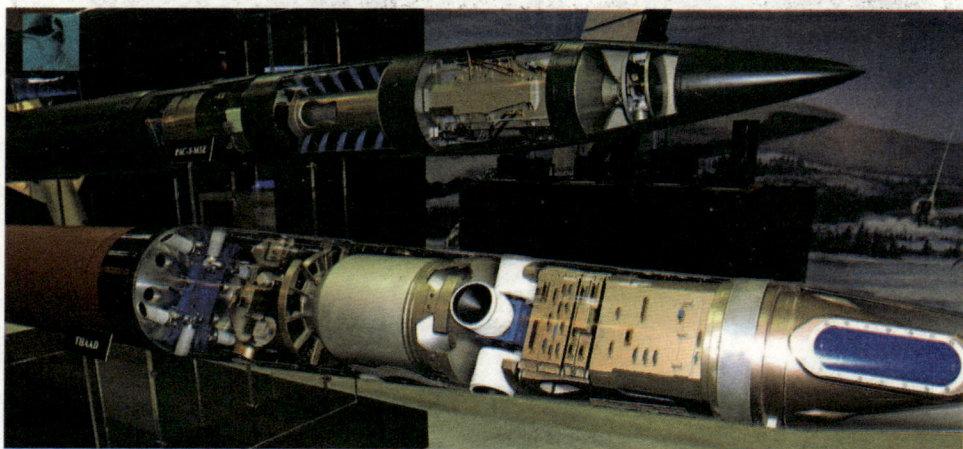

◎ "爱国者"-3 地空导弹

第2章

美国防空导弹：
谁与争锋

美国是研发、使用、外销防空导弹的大户。从 20 世纪 60 年代起，美国研制的防空导弹被大量投入多次局部战争和武装冲突，这些防御武器在现代防空作战中发挥了重要的作用，令世人瞩目。目前，美国及其盟国在役的美制防空导弹型号和数量众多、性能先进，是除了俄罗斯之外的其他国家不能比拟的。本章选择美国 6 种型号的防空导弹予以介绍。

一、地空导弹

美国研制地空导弹的历史悠久。从 20 世纪 50 年代研制第一代地空导弹"波马克"起，至今已经研制出了多种型号的地空导弹。"奈基""霍克""红眼睛""小槲树""复仇者""毒刺""爱国者""萨德"反导导弹（THAAD末段高空区域防御系统的拦截导弹）、GBI（GMD 系统——陆基中段反导系统的拦截导弹）等型地空导弹更是举世闻名。

1. "爱国者"导弹：名声大振

"爱国者"（MIM-104 PATRIOT）地空导弹武器系统，是美国雷神公

◎美国"波马克"-B 地空导弹

◎美国"爱国者"防空导弹

◎美国"萨德"反导系统

◎美国标准舰载防空导弹

司研制的中远程地空导弹武器系统。它的出现，取代了"胜利女神力士"（NIKE HERCULES，"奈基"）和"霍克"-2 地空导弹，成为美军 20 世纪 80 年代后期开始大量部署的陆基防空武器。"爱国者"地空导弹共研发了 3 个型号："爱国者"-1（PAC-1）、"爱国者"-2（PAC-2）和"爱国者"-3（PAC-3）。其中，"爱国者"-1 已退役。

（1）"爱国者"-2 地空导弹：反导先锋。"爱国者"-2 系统是一种经过实战检验的美国战区防御地空导弹武器系统。在 1991 年的海湾战争中，该型导弹因为成功击落了伊拉克的数枚"飞毛腿"地地战术弹道导弹而闻名于世，并开始向其盟国大量销售。目前，"爱国者"-2 地空导弹销售到以色列、德国、荷兰、日本、希腊、韩国、比利时、波兰等国家。

"爱国者"-2 地空导弹武器系统一个火力单元（连）由"爱国者"-2 导弹（32 枚）、8 辆导弹发射车（每车配两联装或四联装导弹箱）、AN/MPQ-53 多功能雷达、AN/MSQ-104 交战与火力控制站（FCS）和其他支援设备（如发电车）等组成。该系统可跟踪 100 批目标，同时制导 3 枚导弹拦截 3 个目标。改进型"爱国者"-2 GEM/GEM+/GEM-T 可同时拦截 9 个空中目标。其中，AN/MPQ-53 是 C 波段多功能相控阵雷达，拥有对空中目标的预警、搜索、追踪、识别和对"爱国者"-2 导弹的制导及雷达电子对抗等功能。

"爱国者"-2 地空导弹具有全空域、全天候、多用途的作战能力，主要用于对付各种高性能飞机、巡航导弹目标，改进型号还可以拦截近程战术弹道导弹目标。

海湾战争中，美国陆军 PAC-2 地空导弹部队被派往战争前线，担负击落攻击以色列和沙特阿拉伯的伊拉克"飞毛腿"战术弹道导弹的任务。1991 年 1 月 18 日，"爱国者"-2 地空导弹武器系统成功拦截了 1 枚发射到沙特阿拉伯上空的"飞毛腿"导弹。这是第一次使用地空导弹武器系统击落敌方战术弹道导弹的战例，首次向世人证明了"以导反导"的可行性。此战例使"爱国者"地空导弹武器系统名声大振。

◎美国"爱国者"-2地空导弹发射装置

◎美国 AN/MPQ-53 C 波段多功能相控阵雷达

"爱国者"-2地空导弹武器系统技术数据

项目	数据
弹长	5.2 米
弹径	0.41 米
起飞重量	914 千克
拦截战术弹道导弹的距离	10 ~ 20 千米
拦截高度	约 5 千米

"爱国者"-2地空导弹改进型武器系统技术数据

项目	数据
最大拦截距离	40 千米
拦截高度	5 ~ 20 千米
制导方式	采用惯性＋指令修正＋TVM（"通过导弹跟踪"）的半主动雷达制导方式

　　海湾战争中，美军在沙特和以色列分别部署了 20 套和 7 套"爱国者"-2 地空导弹武器系统。拦截时平均以 4 枚导弹拦截 1 枚"飞毛腿"弹道导弹。据媒体统计，海湾战争中美军共发射了 158 枚"爱国者"-2 地空导弹，其中 86 枚用于拦截"飞毛腿"弹道导弹，50 枚命中了"飞毛腿"进入大气层时的导弹碎片，22 枚命中了假目标，还有数枚没有命中目标，命中概率约为 15%。

◎美国改进型"爱国者"-2 地空导弹发射装置

◎美国改进型"爱国者"-2 地空导弹发射

◎海湾战争美军部署前线的"爱国者"-2 地空导弹

◎被"爱国者"击落的"飞毛腿"导弹残骸

尽管拦截成功率较低，但"爱国者"-2 地空导弹武器系统以实战结果证明了"弹打弹"的可行性，为美国及其他国家研发拦截弹道导弹的防空导弹武器系统提供了有益的经验。

（2）"爱国者"-3 地空导弹：海湾试剑。"爱国者"-3 地空导弹武器系统是美国洛克希德·马丁公司在"爱国者"-2 地空导弹基础上研制的新型地空

知识链接

"爱国者"-2 系统是如何作战的？

　　"爱国者"-2 地空导弹系统的一般作战过程是：当美军导弹预警卫星探测到弹道导弹发射时的尾焰信息和飞行轨迹信息后，实时将导弹的飞行轨迹、速度、方向、弹道倾角及位置等传送到美国空间指挥基地、美国航空航天司令部；美军战区指挥中心下达拦截命令，"爱国者"-2 地空导弹系统完成战斗准备，搜索到空中目标后，与卫星提供的数据进行相关比较和精确计算，并进行精确跟踪；当弹道导弹进入其地空导弹发射区时，系统发射 1～2 枚导弹，采用复合制导方式，控制导弹飞行，直至命中目标。

导弹武器系统，是"爱国者"反战术弹道导弹能力计划的第三阶段产品。该系统共配有 3 种型号的导弹："爱国者"-2 导弹、GEM 导弹、"爱国者"-3 导弹，三者可分别拦截射程 500 千米、600 千米、1000 千米的来袭战术弹道导弹，还可拦截携带空地导弹，高级巡航导弹的来袭战机等空中目标。目前已销售到以色列、德国、荷兰、日本、希腊、韩国、比利时等国家和我国台湾地区。

1994 年 2 月 16 日，美国陆军为适应不断加剧的空中威胁需求，决定选择"增程拦截弹"GEM 作为新型的"爱国者"-3 地空导弹武器系统的拦截导弹，并于 1997 年完成该型拦截导弹的工程研制和初始飞行试验，1999 年下半年开始少量装备部队。2004 年开始量产。2005 年首次外销荷兰（32 枚导弹）和日本（16 枚导弹），美国陆军装备 108 枚导弹。2008 年大规模装备部队。

"爱国者"-3 地空导弹系统由 AN/MPQ-53 型 C 波段相控阵雷达升级到 AN/MPQ-65 型 C 波段相控阵雷达、交战控制站（ECS，指挥、控制和通信以及火控）、发射装置和"爱国者"-2/3 型地空导弹组成。每个"爱国者"-3 地空导弹火力单元（连）共有 8 部发射车（68 枚导弹），其中 3 部为十六联装"爱国者"-3 地空导弹，5 部为四联装"爱国者"-2 地空导弹或 GEM、GEM+ 地空导弹。该系统的特点：火力强，能够对抗饱和空袭，搜索速度快，跟踪能力强，反应时间短，可以对 9 个目标同时攻击；能有效地对抗现有的电子攻击；能够与美军及其盟友国的其他陆军地空导弹武器系统和战区联合防空系统联网互操作。

"爱国者"-3 地空导弹由单级固体助推火箭、制导设备、雷达寻的头、姿态控制与机动控制系统和杀伤增强器等组成。采用 C 波段半主动 +Ka 波

C 波段相控阵雷达

雷达波段是指雷达发射电磁波的频率范围。C 波段相控阵雷达，是指工作频率为4~8吉赫的相控阵雷达，其波长范围为3.75~7.5厘米。该波段雷达拥有 S 波段和 X 波段相结合的优势。其特点是：适用于多目标、多方向、多层次空袭的作战环境；单部相控阵雷达能起到多部专用雷达的作用，减少了武器系统的设备，提高了系统的机动能力；采用数字化工作方式，自动化程度高，雷达操作简便，搜索、跟踪和发控准备时间短，数据处理快，对高速机动目标跟踪能力强；利用分布在天线孔径上的多个辐射单元综合成非常高的功率，自适应旁瓣抑制，自适应抗各种干扰，发现远离目标和小反射面目标能力强，抗反辐射导弹的能力高。

◎美国"爱国者"-3地空导弹十六联装发射装置

◎"爱国者"-3地空导弹发射瞬间

◎"爱国者"-3地空导弹系统

段全主动雷达制导方式。使用碰撞杀伤弹头，专用于反导，也可以用于拦截攻击导弹阵地的高速反辐射导弹。

与"爱国者"-2 地空导弹武器系统相比，"爱国者"-3 武器系统主要有以下几个变化：① 相控阵雷达从 AN/MPQ-53 升级到 AN/MPQ-65

"爱国者"-3 地空导弹数据

项目	数据
弹长	4.635 米
弹径	0.255 米
起飞重量	304 千克
助推火箭关机后的重量	140 千克
最大飞行速度	6 马赫
反导最大拦截高度	20 千米
最大拦截距离	40 千米
制导方式	采用 C 波段半主动 +Ka 波段全主动雷达制导方式

GEM 地空导弹数据

项目	数据
杀伤飞机的距离	160 千米
拦截战术导弹的距离	40 千米
最大飞行速度	6 马赫

型，MPQ-65 雷达增加了行波管，改进了火控计算机，使发射功率增加了 1 倍，进一步提高了探测距离和分辨率，可同时制导"爱国者"-2、"爱国者"-3 两型拦截导弹，TVM 制导误差由 5 米降低到小于 0.17 米。② 在通信方面，"爱国者"-3 武器系统增加了联合战术信息分发系统的通信接口，改进了发射架的通信，可以使发射架远离雷达和作战控制台（30 千米以内）部署，或由其他火力单元的作战控制台来控制。③ 在导弹方面，"爱国者"-3 地空导弹集合尺寸变小，原有"爱国者"-2 导弹的四联装（4 枚）发射装置，改装为四联装（16 枚）发射装置，使火力密度大增。同时，"爱国者"-3 导弹的战斗部采用碰撞杀伤技术，可拦截战术弹道导弹、高级巡航导弹等弹道目标。

◎美国"爱国者"-3地空导弹四联装发射装置

2. "萨德"导弹：风波骤起

2017年5月，美国在韩国庆尚北道星州基地部署了"萨德"（THAAD）系统6部发射装置、48枚导弹。美韩这一动作，引起了一些周边国家的强烈反对。"萨德"系统为何物？

"萨德"反导系统是美国导弹防御局和美国陆军联合推出的陆基末段高层区域防御系统。美国洛克希德·马丁空间防务、卡特彼勒防务和喷气飞机公司是该系统发射装置及拦截弹的主承包商，雷神公司是AN/TPY-2雷达的主承包商，

知识链接

在韩部署"萨德"导弹威胁有多大？

2017年9月7日，美国的"萨德"反导系统在韩国正式部署完毕。美国的这一举动，对韩国周边国家带来了战略上的重大威胁。首先是地区战略平衡受到严重破坏。直接损害中国、朝鲜、俄罗斯等国的战略安全利益，加剧半岛的紧张和对立。其次是情报信息威胁巨大。"萨德"系统的AN/TPT-2远程雷达性能先进，对不同空中目标的探测距离为1000～2700千米，可探测俄罗斯远东地区、朝鲜整个地区和中国东北、华北、华东、华南部分地区的战略导弹发射和军事航空活动情况，削弱了中国核威慑能力。再次是美国防御中、朝核反击的各段拦截系统在中、朝本土或周边附近形成一个完整的体系，可以对中国、朝鲜本土的核反击进行全程

◎美国在韩国部署的"萨德"反导系统

波音、霍尼韦尔和洛克达电子公司是管理与指挥系统的承包商。

　　1987 年，美国陆军空间与战略防御司令部提出了战区弹道导弹防御的高空防御技术开发计划。1992 年 9 月，洛克希德·马丁公司赢得该项目竞标。1993 年 10 月，美国防部将这个项目定名为"战区高空区域防御系统"。2008 年 5 月 28 日，首批末段高空区域防御系统正式装备美国陆军第 32 陆军防空反导司令部第 11 防空炮兵旅第 4 防空炮兵团阿尔法连，部署在美军关岛基地以及得克萨斯州布利斯堡陆军基地。

拦截。"萨德"反导系统首先用地基雷达远距离搜索目标，捕获目标后就对其进行跟踪，并把目标数据传送给BM/C3I指挥控制系统；BM/C3I系统识别、确认是敌方目标后，把目标数据装订到准备发射的"萨德"拦截导弹上，并下达发射拦截的命令；拦截导弹发射后，先是按惯性制导方式飞行，然后由BM/C3I系统指挥地基雷达向拦截导弹发送修正后的目标数据，对拦截导弹进行中段飞行制导（无线电指令制导）；拦截导弹飞行一段时间后，动能杀伤拦截器与助推火箭分离继续飞向目标，动能杀伤拦截器进行自主飞行（主动寻的制导），最终以碰撞方式摧毁目标。

◎美国"萨德"反导系统导弹发射装置

　　"萨德"陆基末段高层区域防御系统是美军专门用于对付大规模弹道导弹袭击的防御系统。目前，美国已部署6套"萨德"反导拦截系统，5套在美国本土、1套在关岛，2019年底前再部署6套；在韩国部署了1套，沙特部署了2套。2019年4月美国在罗马尼亚部署1套，但在当年9月迫于压力而撤回美国本土。未来还可能在日本部署"萨德"反导系统。

　　"萨德"末段高空区域防御系统由指挥控制/作战管理通信系统（BM/C3I）、X波段AN/TPY-2雷达和6部八联装发射装置、48枚拦截弹组成。其中，AN/TPY-2雷达是高功率、高精度的可移动X波段雷达，也是世界上最大的可空运的陆基X波段雷达。

　　该系统主要特点：① 导弹射程远，防护区域大。"萨德"导弹射程达到300千米，可防卫半径200千米的区域，主要用于保护较大的战略性地区和目标。② 拦截高度和摧毁概率较高。"萨德"系统拦截高度为40~180

◎美国"萨德"反导系统导弹试射

◎美国"萨德"反导系统（局部）

千米，而这个拦截高度区间正好是射程 3500 千米以上的远程和洲际导弹的飞行末段，以及射程 3500 千米以下的中近程导弹的飞行中段，是"当今世界唯一在大气层内外均能拦截弹道导弹的陆基反导系统"；并具有二次拦截和二次毁伤评估的能力，还可为"爱国者"等低层末段拦截系统提供目标指示信息。③ 采用"动能杀伤技术"，破坏威力大。④ 机动能力和系统生存性较强。"萨德"发射车可快速空运至所需战区，并通过公路机动变换阵地躲避打击；发射车从装弹到完成发射准备不超过 30 分钟，待命中的拦截弹接到命令后几秒钟便能发射。⑤ 数据兼容性强，系统应用广泛。可同"地基中段拦截"系统、"爱国者"系统和海军"宙斯盾"系统随机构成各种形式的多层反导体系，实现情报信息共享和协同作战。⑥ 目标识别能力强。该系统 X 波段雷达使用窄波束，能在 580 千米左右的距离精确评估目标弹头的预计位置，并识别假弹头。

"萨德"反导系统的拦截导弹由一级固体助推火箭和 KKV（动能杀伤飞行器）组成。

KKV 主要由用于捕获和跟踪目标的中波红外导引头、信号处理机、数字处理机、采用激光陀螺的惯性测量装置和用于机动飞行的轨控与姿控推进系统等组成。红外导引头通过向弹载计算机传输目标导弹战斗部的红外成像进行制导。

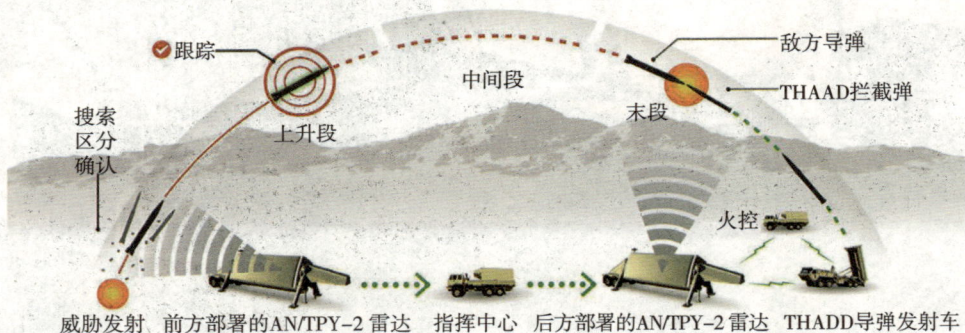

◎ 美国"萨德"反导系统运行示意图

"萨德"反导系统的拦截导弹数据

项目	参数
弹长	6.17 米
最大弹径	0.37 米
起飞重量	900 千克
最大速度	2500 米/秒
射程	300 千米
射高	40 ~ 180 千米
KKV 长	2.325 米
KKV 重量	60 千克
导弹主要拦截射程	3500 千米以内的弹道导弹

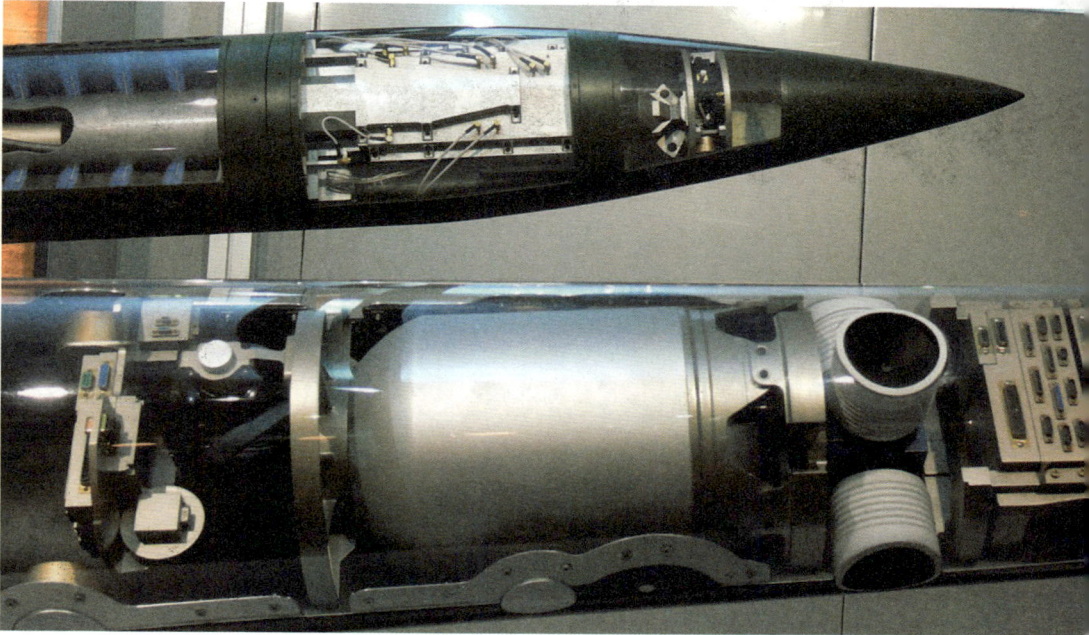

◎美国"萨德"反导导弹的KKV

3. GBI 导弹：本土反导

GBI 地空导弹是美国陆基中段防御系统（GMD）的拦截导弹，是专门用于对飞行中段的洲际弹道导弹拦截的武器。2004 年，美国部署了第一套 GMD 陆基中段防御系统。目前，美军在阿拉斯加州和加利福尼亚州部署了 36 枚该型反导导弹。而美国国会要求未来为对付伊朗核导弹威胁，在美国东海岸建立反导阵地，其设计指标是部署 60 枚 GBI 导弹。

GMD 陆基中段防御系统的研制始于 1997 年，1999 年 10 月 2 日首次拦截试验，2004 年开始边部署、边试验，飞自 GMD 系统项目立项以来，美国共进行了 18 次拦截试验。其中，17 次为拦截中、远程战术弹道导弹试验，1 次为拦截洲际导弹试验。试验成功率约为 56%。而令人关注的是 2017 年 5 月 30 日美军所进行的成功拦截洲际导弹试验，这是世界上反洲际导弹的首次成功测试。2019 年 3 月 26 日美军首次完成了 2 枚导弹齐射命中模拟洲际导弹再入飞行器和残骸的成功试验。

◎ 美国部署在阿拉斯加州的 GBI 反导导弹

    GMD 陆基中段防御系统属于美陆军第 100 导弹防御旅，该旅隶属于美陆军空间与导弹防御司令部。美国目前有 2 个 GMD 系统基地，阿拉斯加州格林堡陆军基地（为主，计划部署 40 枚 GBI 导弹，2017 年 12 月完成了部署计划），驻第 49 导弹发射营；加利福尼亚州范登堡空军基地（计划部署 4 枚 GBI 导弹，目前完成部署），陆军使用试验设施。美国正在东欧建设的第三个 GMD 系统基地，雷达部署在捷克，GBI 导弹部署在波兰。

    GMD 陆基中段防御系统主要由国防支援卫星（DSP）或高轨道天基红外系统（SBIRS）、太空跟踪与监视系统（STSS）、升级后的早期预警雷达和海基 X 波段雷达（SBX）、GBI 地基拦截导弹，以及作战管理和战斗指挥控制系统组成。

    GBI 反导导弹长 16.8 米，弹径 1.27 米，重量高达 22.5 吨，射高 2000 千米，有效射程小于 6000 千米，EKV 动能拦截器飞行末速超过 8000 米 / 秒。GBI 拦截导弹的最新型 CE-2 Block Ⅰ EKV 拦截器的末段速度超过 20 倍音速，拦截高度不小于 2000 千米，最大拦截距离约 5400 千米。

◎美军部署在科帕斯克里斯蒂港的 SBX 雷达

◎EKV 弹头

◎美国 GBI 反导导弹 EKV

二、舰空导弹

美国从第二次世界大战末期开始研制舰空导弹。1955 年研制装备了"小猎犬"（RIM-2）中程、中低空舰空导弹，1959 年装备"黄铜骑士"（RIM-8）远程、中高空舰空导弹，1961 年装备"鞑靼人"（RIM-24）中近程、中低空舰空导弹。20 世纪 60 年代中期研制部署了"海麻雀"（RIM-7）系列舰空导弹，70 年代初期研制并大量装备了"海小槲树"（RIM-72C）。70 年代末开始研制"拉姆"（RAM，RIM-116）舰空导弹。20 世纪 80 年代以来，美国海军舰空导弹发展加速，研发了"标准"型系列舰空导弹，先后研制了"标准"-1/2/3/6 型舰空导弹，形成了以"宙斯盾"系统为核心的远中近程、高中低空舰载防空系统，美国海军装备了 2 万余枚该系列舰空导弹。

1."标准"-2 导弹：海上卫士

"标准"-2（SM-2）舰空导弹是美国海军装备的全天候、中远程舰载防空导弹，分为中程和增程型，能有效地对付中高空飞机、反舰导弹和

◎美国"黄铜骑士"舰空导弹

巡航导弹。美国海军装备的"标准"-2 系列有 Block Ⅰ、Block Ⅱ、Block Ⅲ、Block Ⅲ A、Block Ⅲ B 以及 Block Ⅳ 增程型（ER）等批次、"标准"-2C/D/G/H/J 等型号。目前，该型导弹还配置在德国、荷兰、挪威、日本、韩国、澳大利亚等十几个国家和中国台湾地区的 100 多艘舰艇上。

　　"标准"（SM）系列舰空导弹是在"鞑靼人"和"小猎犬"舰空导弹基础上发展而来的。主要由美国雷神公司和海军联合研制。"标准"-1 舰空导弹于 1969 年服役。"标准"-2 导弹是在"标准"-1 基础上，于 1972 年研制的，1981 年装备美国海军使用。经过几十年不断地改进，"标准"系列舰空导弹已经发展出多种型号并被改装成陆基防空导弹。先后装备美国海军"阿利伯克"级、"提康德罗加"级导弹驱逐舰和巡洋舰、护卫舰的是"标准"-2系列舰空导弹。

　　"标准"-2 舰空导弹是美国海军战术弹道导弹防御系统（NAVY

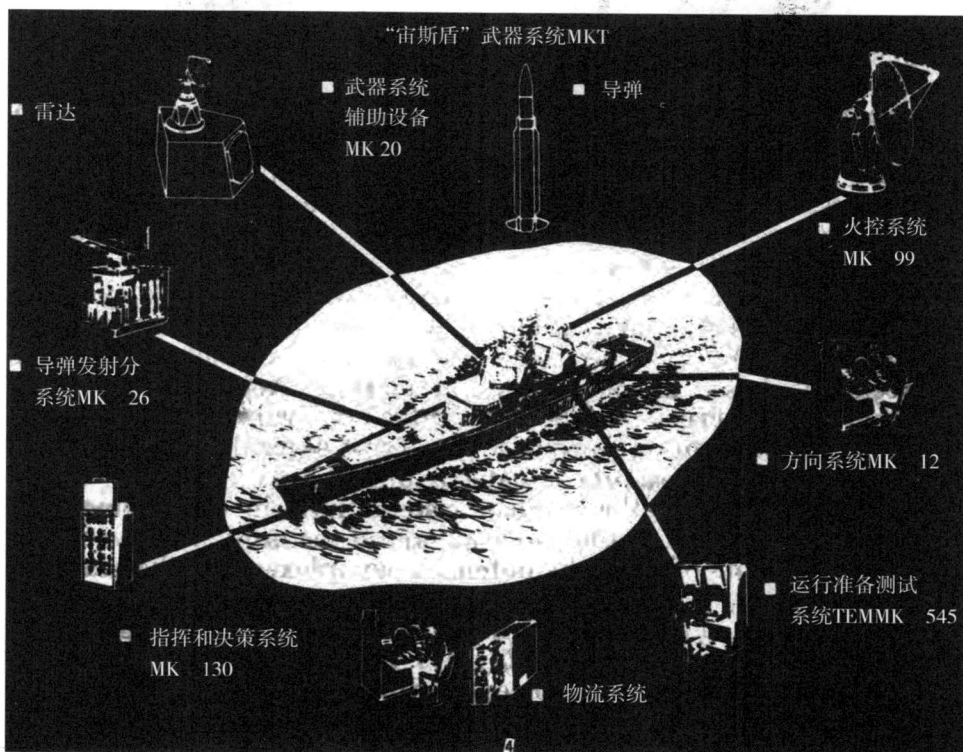

◎美国"标准"-2 舰空导弹系统

TBMD）的拦截导弹之一，是"宙斯盾"战斗系统（AEGIS）的重要组成部分。"宙斯盾"系统由 MK1 指挥和决策分系统、MK1 武器控制分系统、AN/SPY-1A 多功能相控阵雷达分系统、MK99 火控分系统、MK41 或 MK26 导弹发射分系统、MK1 战备状态测试分系统和"标准"-2 舰空导弹组成。

　　"宙斯盾"系统目前共有 8 种不同的基准搭配（称为 Base Line，基线），其拦截导弹为美军现役的"标准"系列导弹。该系统的主要特点是：反应快、火力猛、生存能力强、可用性高和覆盖范围大。

◎美国"标准"-2 舰空导弹

　　"标准"-2 Block-Ⅰ舰空导弹长 4.47 米，弹径 0.34 米，翼展 1.07 米，弹重 610 千克，射程 74 千米，最大射高 24 千米，最大飞行速度 3 马赫。使用 MK90 型烈性杀伤战斗部，采用惯性 / 无线电指令 + 半主动寻的制导方式。主要特点是：射程较远，掩护范围大，低空性能好，可攻击低空快速目标；战斗部威力大，单发可摧毁大型客机；复合制导，抗干扰能力强。

　　在"标准"-2 舰空导弹系列中，"标准"-2 Block Ⅱ 舰空导弹的编号为 RIM-66G、RIM-66H、RIM-66J，使用 MK104 双推力固体火箭发动机，射程提高到 166 千米，还采用了新的高爆破片式弹头和数字信号处理器。

　　"标准"-2 Block Ⅲ 及改型 Block Ⅲ A、Block Ⅲ B 舰空导弹编号为

RIM-66K、RIM-66L 和 RIM-66M，主要提高了电子对抗性能、抗低空目标性能、战斗部毁伤性能等。

"标准"-2 Block Ⅳ增程型（ER）舰空导弹编号为 RIM-67B/C，采用新的 MK70 助推器，最大射程达到 185 千米，最大射高 24 千米，弹长 8.23 米，弹径 0.346 米，弹重 1451 千克。Block Ⅳ A 型舰空导弹保留了原有的防空能力，具有拦截战术弹道导弹能力。

1988 年 7 月 3 日，因"宙斯盾"系统雷达误判目标，RLM-66D 舰空导弹在波斯湾上空将伊朗 1 架客机击落。

◎ 美国"标准"-2 舰空导弹击落伊朗客机模拟画面

2. "标准"-3 导弹：反导先锋

"标准"-3（SM-3）舰空导弹是"宙斯盾"战斗系统的重要组成部分，是一种高层弹道导弹防御武器，拥有拦截弹道导弹和摧毁低轨道卫星能力。"宙斯盾"战斗系统在测试中，已经拥有 80% 的拦截战术弹道导弹成功率，美国海军装备"宙斯盾"战斗系统的 82 艘舰艇中，已有约半数以上具备反导能力。"标准"-3 舰空导弹已在荷兰、日本等国的海军舰艇上部署。美军和日本正在进行"标准"-3 舰空导弹的升级测试，升级型导弹计划从 2018 年起装备美国海军和日本海上自卫队。2019 年 8 月底，美国政府批准向日本出售 73 枚"标准"-3 Block IIA 导弹。

◎美国"标准"-3 舰空导弹

◎美国"标准"-3 舰空导弹发射瞬间

　　"标准"-3 舰空导弹是"标准"-2 ER block Ⅳ（RIM-156）舰空导弹的发展型产品。研制项目始于 1999 年 9 月。2001 年 1 月，进行了导弹飞行试验，并进行了动能弹头的分离试验；12 月，美国海军确定研制全新的"标准"-3 舰空导弹计划，以提高美国海军 TBMD 系统的作战能力。

　　2002 年 1 月，"标准"-3 RIM-161A 舰空导弹进行了首次全程实验，击中了 ARIES 弹道导弹靶标。此后，"标准"-3 舰空导弹进行了多次试验，于 2006 年开始大量装备美国海军使用"标准"-3 Block Ⅰ A/B 舰空导弹。2017 年 2 月 4 日，美国与日本联合进行了"标准"-3 Block Ⅱ A 舰空导弹拦截弹道导弹成功试射。"标准"-3 Block Ⅱ A 舰空导弹主要用于拦截中程和中远程弹道导弹，于 2018 年进行量产，并装备海军使用。美国还在研发"标准"-3 Block Ⅱ B 型拦截导弹。此外，美国计划在 2018 年前，在罗马尼亚修建 2 个"标准"-3 陆基发射基地，在波兰建 1 个同类基地（陆基"宙斯盾"系统）。

　　"标准"-3 舰空导弹是美国海基战区导弹防御系统（TMD）的重要反导武器，也是"宙斯盾"系统的反导拦截弹。该系统由 MK1 指挥和决策分系统、MK1 武器控制分系统、AN/SPY-2 多功能相控阵雷达分系统、MK99 火控分系统、MK41 Mod2 导弹发射分系统、MK1 战备状态测试分系统和"标准"-3Block ⅠA/ⅠB、"标准"-3Block ⅡA/ⅡB 舰空导弹组成。

◎美国"标准"-3 舰空导弹KKV拦截器

　　陆基"宙斯盾"反导系统包括 1 部 AN/SPY-1D（V）相控阵雷达、1 套 Mk41 Mod2 垂直发射系统、24 枚"标准"-3Block ⅡA/ⅡB 反导导弹、Mk9 Mod6 武器控制系统以及其他相关保障设备。

　　"标准"-3 舰空导弹长 6.55 米，一级助推器直径 0.533 米，二、三级助推器直径 0.340 米（"标准"-3 Block Ⅰ型）/0.533 米（"标准"-3 Block Ⅱ型），发射质量 1500 千克。RIM-161A 舰空导弹射程 500 千米，最大拦截高度 160 千米。SM-3 Block Ⅰ舰空导弹的拦截器最大飞行速度 10 马赫，最大作战斜距为 700 千米，最大射高为 500 千米。"标准"-3 Block Ⅱ舰空导弹的最大飞行速度 15 马赫，最大作战斜距为 2500 千米，最大射高为 500 千米。"标准"-3 舰空导弹的改进型号采用整合全球定位 / 惯性导航（DGPS/INS 导引）制导，并引进资料链指令修正机制，采用动能拦截战斗部 KKV 直接碰撞方式来摧毁弹道导弹目标。

2008 年 2 月 21 日上午，部署在夏威夷附近海域的美海军装备"宙斯盾"战斗系统的"伊利湖"号导弹巡洋舰，发射了 1 枚"标准"-3 拦截导弹，击中了海平面上空约 247 千米处运行的 1 颗美国失控卫星。

3. "标准"-6 导弹：海防长臂

"标准"-6（SM-6）舰空导弹是美国海军为了满足对防空导弹扩大射程的需求而开发的舰空导弹。主要用于拦截固定翼和旋转翼飞机、无人机及反舰巡航导弹等目标。目前该型导弹的主要用户是美国海军和澳大利亚皇家海军。

"标准"-6 舰空导弹由美国海军和雷神公司共同研发，又称 RIM-174A "标准增程主动"导弹。2005 年启动研制，2007 年开始测试。2008 年 2 月，确定该型导弹编号为 RIM-174A。2009 年 9 月开始低速生产。2010 年开始量产，2011 年上舰部署。2017 年 8 月 29 日，美国海军"保罗-琼斯"号导弹驱逐舰发射 2 枚"标准"-6 舰空导弹，准确拦截 1 枚中程弹道导弹靶弹。

◎美国"标准"-6 舰空导弹拦截弹道导弹试验

　　"标准"-6 舰空导弹武器系统是"标准"-2ER Block Ⅳ（RIM-156A）系统的升级版本。该系统由 MK1 指挥和决策分系统、MK1 武器控制分系统、AN/SPY-2 多功能相控阵雷达分系统、MK99 火控分系统、MK41 Mod2 导弹发射分系统、MK1 战备状态测试分系统和"标准"-6（RIM-174A）舰空导弹组成。该系统主要特点：① 火力覆盖范围广，② 任务兼容性强，③ 弹道设计更优，④ 数据高度融合，⑤ 引战兼容度高，⑥ 作战系统通用。

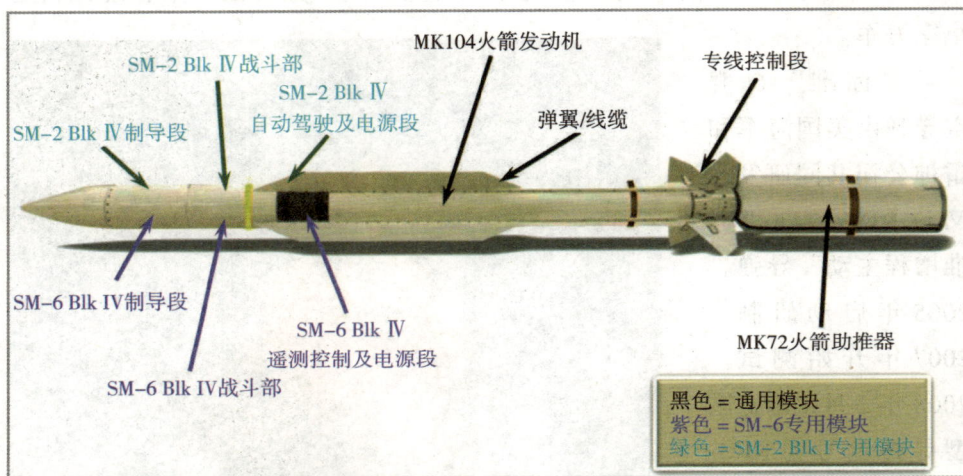

◎美国"标准"-6 舰空导弹构成

　　"标准"-6 舰空导弹采用美国雷神公司"标准"-2Block Ⅳ 导弹的弹体，换装采用 AIM-120 空空导弹技术的主动雷达导引头，同时采用超视距数据链，引入网络战技术。该型导弹长 6.55 米，弹径 0.533 米，弹重 1500 千克，动力系统为双推力固体燃料火箭发动机，最大射程 400 千米，最大射高 33 千米，最大飞行速度 3.5 马赫，战斗部使用雷达与触发引信，碎片杀伤目标。可拦截 30 千米高度内的各种固定翼和旋转翼飞机、无人机及反舰巡航导弹，还可拦截中近程弹道导弹。

　　此外，美国海军正在论证试验"标准"-6 舰空导弹改装舰舰导弹的可行性。2016 年 1 月 18 日，美国海军在夏威夷的太平洋导弹靶场进行了首次"分布式杀伤"作战概念试验，由"约翰·保罗·琼斯"号"伯克"级驱逐舰发射 1 枚改进型"标准"-6 导弹，击沉了 1 艘满载排水量 4200 吨的靶船。如果未来装备这种改进型导弹，"标准"-6 舰空导弹将成为名副其实的海上作战"全能杀手"。

◎美国"标准"-6 舰空导弹发射瞬间

第 3 章

俄罗斯防空导弹：
笑傲苍穹

俄罗斯防空导弹名扬世界。苏联是最早研制防空导弹的国家之一，技术积累十分雄厚。苏联解体时，俄罗斯继承了绝大部分先进防空导弹武器系统，并且有了新的发展。其防空导弹武器的型号多样、性能先进，堪比美国产品，部分型号还略胜一筹。本章选择俄罗斯研制的 16 种型号防空导弹予以介绍。

一、地空导弹

苏联/俄罗斯的地空导弹武器系统，经过 60 多年的不懈努力，研发出了 20 多个型号的"萨姆"系列地空导弹。包括"萨姆"-1（"吉尔德"，SA-1，编号 S-25）、"萨姆"-2（"盖德莱"，SA-2，编号 S-75）到"萨姆"-22（"灰狗"，SA-22）。其中，S-300、S-350、S-400 地空导弹武器系统和即将装备使用的 S-500 地空导弹武器系统，性能先进，世界闻名。其中 S-75"德维纳"、S-125"伯朝拉"、S-200B"安加拉"、2K12"立方体"等第二代防空导弹曾在越南、中东、非洲、欧洲等国家和地区的局部战争中立下战功，其优越的技术性能在战场条件下得到了有力的展示。尤其是 2K12"立方体"，在 1999 年科索沃战争中，南联盟防空部队用它击落 1 架美军 F-117 型"夜鹰"隐形战斗机，让美国惊痛，举世轰动。

2017 年 6 月 26 日，驻叙利亚俄军的 S-300 地空导弹武器系统首次实战使用，击落美军 1 架价值约 2 亿美元的 EQ-4"全球鹰"大型无人侦察机。

目前，白俄罗斯、哈萨克斯坦、亚美尼亚等独联体国家和乌克兰（2018 年 4 月 12 日退出独联体）、希腊（塞浦路斯移交）、越南、伊朗、中国、美国、印度、埃及、阿尔及利亚等国购买或部署了 S-300 地空导弹武器系统。

知识链接

"萨姆"-3 为什么能击落"夜鹰"？

在科索沃战争中，南联盟防空部队使用第二代地空导弹一举击落不可一世的 F-117A 隐身战斗机，被传为佳话。那么，"萨姆"-3 地空导弹为何能击落"夜鹰"呢？据南联盟防空部队指挥官回忆和美军战后分析，主要原因有三：一是南军防空部队准备相当充分，南军第 205 防空旅平时训练有素，积极挖掘老兵作战潜力，仔细研究分析一些国家国土防空、越南战争、两伊战争、中东战争、海湾战争防空作战的战例和经验教训、战法，注重提高指战员作战指挥与战斗操作技能。二是战术运用灵活得当。针对信息战的特点，该旅实施摩托通信、有线通信，防止军事信息泄密；在北约基地附近部署侦察兵，

S-300 地空导弹武器系统主要对空气动力目标进行拦截。

1. S-300 系列导弹：天之"骄子"

俄罗斯的 S-300 地空导弹武器系统包括 S-300P 和 S-300V 两大系列。其中，S-300P 系统为半机动与机动战略防空系统，包括 S-300P 原型系统（已退役）、S-300PM（已退役）、S-300PMU、S-300PMU1、S-300PMU2、S-300PMU3 地空导弹武器系统；S-300V 机动式战区防空系统，包括 S-300V 地空导弹武器系统和"安泰"-2500 地空导弹武器系统。

◎美国EQ-4"全球鹰"无人侦察机

实施空中情报接力；采取雷达短时开关机措施，防敌电子侦察；实施机动部署，经常变换阵地位置，防敌光学侦察；运用中国地空导弹部队发明的"近快战法"，在隐身机不能逃离的距离上快速发射导弹。三是美军飞行员麻痹大意。F-117A飞行员此次完成轰炸任务返航时仍按以往航线飞行。

　　"萨母"-3 防空导弹是一款功能极强的导弹，导弹采用破片杀伤方式，破片数量可达到 3670 块，可同时射击两个目标。

S-300P 地空导弹武器系统（西方代号 SA-10 系统）从 1967 年开始研制，共有 6 型导弹：S-300P、S-300PM 地空导弹武器系统配备 5V55R 地空导弹（1982 年前装备），S-300PMU 地空导弹武器系统配备 5V55RUD 地空导弹（1993 年装备），S-300PMU1 地空导弹武器系统配备 48N6E 地空导弹（1998 年装备），S-300PMU2 地空导弹武器系统配备 48N6E2 地空导弹（1998 年装备），S-300PMU3 地空导弹武器系统配备 9M96E 和 9M96E2 地空导弹（1999 年装备）。

S-300V 地空导弹武器系统（西方代号 SA-12 系统）系列导弹先后发展了 S-300V 地空导弹武器系统（1983 年装备）、S-300V1 地空导弹武器系统（1988 年装备）、S-300VM 地空导弹武器系统（1993 年装备）和 S-300VM2 地空导弹武器系统（即"安泰"-2500 系统，1998 年装备）。S-300V 地空导弹武器系统共有 4 型导弹：S-300V 地空导弹武器系统配备 9M82 和 9M83 地空导弹（SA-12A/B，出口型），"安泰"-2500 地空导弹武器系统配备 9M83M 和 9M82M 地空导弹。

◎俄罗斯 S-300P 地空导弹发射车

◎ 俄罗斯 S-300PMU2 地空导弹系统

（1）5V55R 导弹。5V55R 地空导弹是 S-300PM（SA-10B）地空导弹武器系统的拦截导弹（目前一些国家仍在使用）。导弹长 7.25 米，弹重 1664 千克，弹径 0.508 米，射程 90 千米，射高 0.025 ～ 25 千米，导弹飞行速度 1860 米 / 秒，机动过载 25G，杀伤破片战斗部重 133 千克，动力装置为单级固体火箭发动机，发射装置为 4 筒双排联装，发射方式为垂直发射，采用程序＋无线电指令制导，拦截目标为空气动力目标。

◎ 俄罗斯的 S-300V 地空导弹武器系统

◎俄罗斯 5V55R 地空导弹

这里的机动过载，是指防空导弹在进行机动飞行（非直线运动）时所产生的离心加速度与自身重力加速度的矢量和，即弹体结构在高速飞行特别是在做各种高速、剧烈的机动动作时所能承受的最大加速度。它的单位一般是用重力加速度 G 来表示，G=9.8 米 / 秒。如果过载过大，弹体会因承受不了该力而解体，而导弹能承受的最大过载，就是该型导弹的最大机动过载（下同）。

（2）5V55RUD 导弹。5V55RUD 地空导弹是 S-300PMU 地空导弹武器系统的拦截导弹。导弹长 7.25 米，弹重 1804 千克，弹径 0.508 米，射程 150 千米，射高 0.025 ~ 25 千米，导弹飞行速度 1900 米 / 秒，机动过载 25G，杀伤破片战斗部重 143 千克，动力装置为单级固体火箭发动机，发射装置为 4 筒双排联装，发射方式为垂直发射，采用程序＋无线电指令＋末段 TVM 制导，拦截目标为空气动力目标。

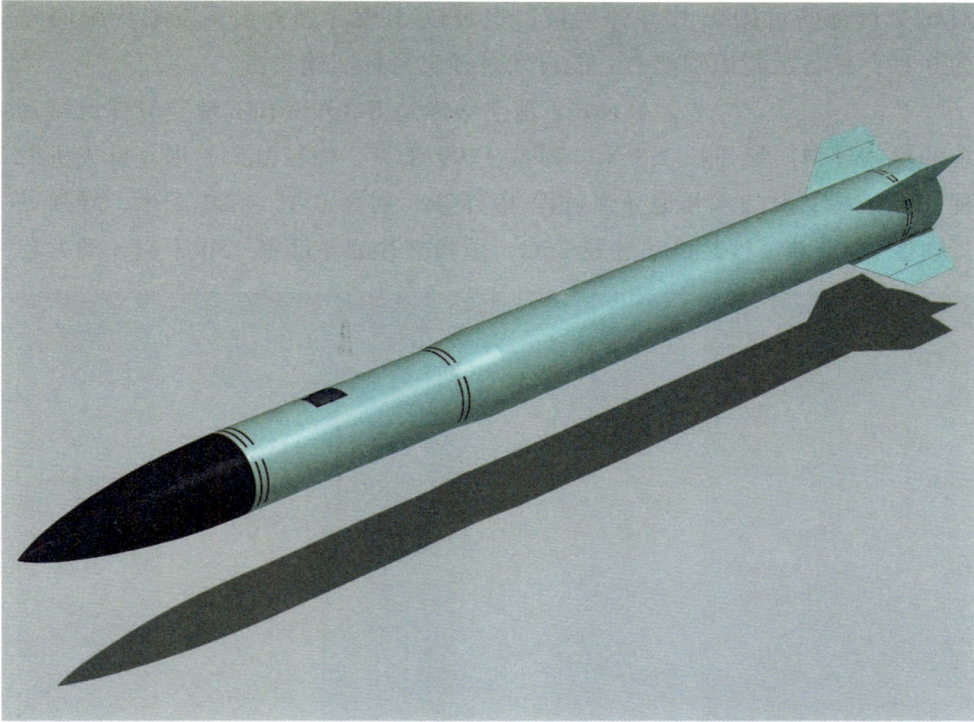

◎ 俄罗斯 5V55RUD 地空导弹

（3）48N6 导弹。48N6（出口型为 48N6E）地空导弹是 S-300PMU1
（SA-10C 或 SA-20A）地空导弹武器系统的拦截导弹。导弹长 7.5 米，弹
重 1799 千克，弹径 0.515 米，拦截目标最大速度 6 马赫，战斗部重 143
千克，有效射程 5 ~ 150 千米，有效射高 0.01 ~ 27 千米，采用末段"导
弹制导"（track-via-missile）模式。

　　S-300PMU1 地空导弹武器系统配备 30N6E 相控阵制导雷达、
64N6E "大鸟"相控阵目标截获雷达、76N6E 调频连续波目标跟踪／低空
补盲雷达和 54K6E1 指挥控制中心。该系统可同时制导 6 枚导弹攻击 3 个
目标，具备敌我识别能力，能对锁定目标实施自动攻击（指首枚导弹由人
工发射，后续导弹发射由系统自动控制）。具有反战术弹道导弹（TMB）
能力，对弹道目标的射程达 40 千米。

　　S-300PMU1 地空导弹武器系统可同时制导 12 枚导弹攻击 6 个目标，

对每个目标既可用 1 枚导弹拦截，也可以 2 枚导弹齐射，发射导弹间隔为 3 秒；具备敌我识别能力，能自动对锁定目标实施攻击。

（4）48N6E2 导弹。48N6E2 地空导弹是 S-300PMU2 地空导弹武器系统的拦截导弹。导弹长 7.5 米，弹重 1799 千克，弹径 0.515 米，反飞机射程 200 千米，反战术弹道导弹射程 40 千米，射高 0.01 ～ 27 千米，导弹飞行速度 2000 米 / 秒，机动过载 25G，杀伤破片战斗部重 150 千克，动力装

◎俄罗斯 S-300PMU1 系统的拦截导弹

置为单级高能固体火箭发动机，发射装置为 4 筒双排联装，发射方式为垂直发射，采用程序＋无线电指令制导方式，拦截目标为空气动力目标和战术弹道导弹目标，拦截低空飞行的巡航导弹杀伤概率为 0.8 ~ 0.98，杀伤各种战术、战略航空兵飞机的概率为 0.8 ~ 0.93。

俄罗斯人自豪地给 S-300PMU2 地空导弹武器系统起的名字叫"骄子"。该系统配备 64N6E2 全自动搜索雷达、54K6E2 作战指挥车、30N6E2 型多

◎ 俄罗斯 48N6E2 地空导弹发射

功能照射和制导雷达、12 部 5P85SE 型四联装发射车和相应基数的筒装导弹，火力单元独立作战时，增配 1 部 96L6E 型目标指示雷达。几部雷达在对作战空域进行观测时，能保证及时发现各种空中目标，包括巡航导弹等超低空飞行目标和强干扰条件下的目标。该系统不但能使用 S-300PMU1 地空导弹武器系统的 48N6 导弹，也可以使用 48N6E2 导弹。该系统可同时制导 72 枚导弹，同时拦截 36 个目标，导弹发射间隔 3 秒。

◎ 俄罗斯 48N6E2 地空导弹及发射车

与 S-300PMU1 地空导弹武器系统相比，S-300PMU2 地空导弹武器系统的作战性能有了很大提高：① 能引爆来袭导弹弹头的装药，提高了杀伤弹道导弹的效率；② 提高了单枚破片质量，增强了对空中飞行目标的杀伤效能；③ 增大了对飞行目标的杀伤区，包括在超低空、复杂干扰环境中飞行的目标和尾追攻击，其射程增大到 200 千米；④ 采用 96L6E 新型自主式搜索雷达，提高了火力单元独立作战能力；⑤ 54K6E2 指挥车可从不同的信息源获得和综合空情信息，指挥火力装备，从防空部队防区指挥所接收指挥命令和信息，做出危险度的评价，向各防空导弹系统进行目标分配，对要消灭的目标给出目标指示；⑥ 能够指挥 S-300PMU、S-300PMU1、S-300PMU2 等系统及它

◎俄罗斯S-300PMU2地空导弹武器系统

们的任意组合，增强了指挥控制能力。

（5）9M96E 导弹。9M96E 地空导弹是 S-300PMU3 地空导弹武器系统的拦截导弹。导弹长 4.3 米，弹重 333 千克，弹径 0.24 米，射程 2.5 ~ 40千米，射高 0.005 ~ 25 千米，飞行均速 1000 米 / 秒，机动过载 0 ~ 60G，杀伤破片战斗部重 24 千克，动力装置为单级高能固体火箭发动机，发射装置为每筒 4 枚、4 筒双排联装，发射方式为垂直发射，采用程序＋无线电指令＋末段主动雷达寻的制导方式，拦截目标为空气动力目标和战术弹道导弹目标（为主），对作战飞机的杀伤概率超过 0.9，对无人机的杀伤概率为 0.9，对"飞毛腿"战术弹道导弹和"鱼叉"反舰导弹的杀伤概率为 0.8。

◎俄罗斯 S-300PMU2 系统的 54K6E2 指挥车

  与 S-300P 型其他系统相比，S-300PMU3 系统的优势在于大幅增强了拦截战术弹道导弹的火力密度（导弹配置量增加了 3 倍）。

  （6）9M96E2 导弹。9M96E2 地空导弹是 S-300PMU4 地空导弹武器系统的拦截导弹。导弹长 5.2 米，弹重 420 千克，弹径 0.24 米，射程 2.5 ~ 120 千米，射高 0.005 ~ 30 千米，飞行均速 900 米 / 秒，机动过载 20 ~ 60G，杀伤破片战斗部重 24 千克，动力装置为单级高能固体火箭发动机，发射装置为每筒 4 枚、4 筒双排联装，发射方式为垂直发射，采用程序＋无线电指令＋末段主动雷达寻的制导方式，拦截目标为空气动力目标（为主）和战术弹道导弹目标，对作战飞机的杀伤概率超过 0.9，对无人机的杀伤概率为 0.8，对"飞毛腿"战术弹道导弹和"鱼叉"反舰导弹的杀伤概率为 0.7。

与 S-300P 型其他系统相比，S-300PMU4 系统的优势在于大幅增强了拦截空气动力目标的火力密度（导弹配置量增加了 3 倍）。

（7）9M82M 导弹。9M82M 地空导弹是"安泰"-2500 地空导弹武器系统的拦截导弹之一。弹长 9.918 米，弹重 4690 千克，弹径 0.715 米，反飞机射程 13～200 千米，反战术弹道导弹射程 6～40 千米，射高 0.1～30千米，导弹最大飞行速度 2400 米/秒，机动过载 20G，破片杀伤战斗部重 150 千克，动力装置为 2 级高能固体火箭发动机，发射装置为 2 联筒装导弹，发射方式为垂直发射，采用惯性＋无线电指令修正＋末段半主动雷达寻的

制导方式，拦截目标为空气动力目标和战术弹道导弹目标（为主），对目标杀伤概率为 0.96。

"安泰"-2500 地空导弹武器系统是俄罗斯安泰科学生产联合体在 S-300V 地空导弹系统基础上研制的新一代陆基防空系统。"安泰"-2500 地空导弹火力单元的配备，包括 1 部 9C15M2 型圆周扫描目标搜索雷达，1 部 9C19M 扇面扫描目标搜索雷达，1 部 9C457 型指挥车，4 部 9C32M 型多通道导弹制导站，24 部 9A83M 型导弹发射车，24 部 9A84M 型导弹发射装填车，48 枚 9M82M 型导弹，96 枚 9M83M 型导弹。该系统作战功能强大，能够同时攻击 24 个空气动力目标，或者同时攻击 16 枚雷达有效反射面积为 0.02 平方米以下、飞行速度为 4500 米 / 秒以内的弹道导弹目标。

◎俄罗斯 9M82M 地空导弹（两管为 82 M，4 管为 83 M）

9M82M

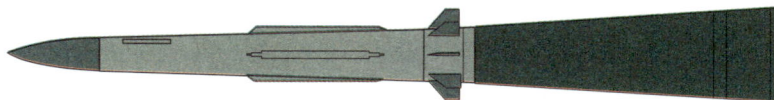

9M83M

◎ 俄罗斯9M82M与9M83M对比

（8）9M83M 导弹。9M83M 地空导弹是"安泰"-2500 地空导弹武器系统的拦截导弹之一。弹长 7.8 米，弹重 2318 千克，弹径 0.715 米，反飞机射程 6～200 千米、射高 0.025～30 千米，反战术弹道导弹射程 6～40

◎ 俄罗斯"安泰"-2500 地空导弹武器系统

千米、射高 2～25 千米，导弹飞行均速 1700 米/秒，机动过载 20G，定向爆破战斗部 150 千克，动力装置为 2 级固体火箭发动机，发射装置为 4 筒 1 排联装，发射方式为垂直发射，采用惯性＋无线电指令修正＋末段半主动雷达寻的制导方式，拦截目标为空气动力目标（为主）和战术弹道导弹目标，对目标杀伤概率为 0.96。

◎俄罗斯9M83M地空导弹

"安泰"-2500 地空导弹武器系统与 S-300P 系统相比，有 3 个优异性能：①射程覆盖范围更广、杀伤力更强、机动性更高。其可拦截弹道导弹目标的最大射程为 2500 千米，最大飞行速度为 4500 米 / 秒、最大高度为 30 千米，拦截飞机的最大射程为 200 千米；一个"安泰"-2500 地空导弹营可在 1000 ～ 2000 平方千米范围内拦截弹道导弹，在 2500 平方千米范围内摧毁敌方空袭飞机；系统反应时间只有 7 秒。②自动化程度高、使用可靠性强。实现了战斗操作全部自动化，具有现代化搜索与故障排除设备与功能，大大减少了战勤人员数量及战勤人员培训时间。③作战效能高。其指挥系统可在遭遇强烈的积极干扰和消极干扰情况下，跟踪 300 千米内的 200 个目标，并对其中的 70 多个目标实施打击，导弹命中概率可达 96%。

2. S-350E 导弹：蓝天"勇士"

S-350E 地空导弹武器系统（"勇士"）是由俄罗斯金刚石 - 安泰公司与韩国国防发展局及 LG 伊诺特公司合作研制的新型中程地空导弹武器系统。该系统于 2017 年年底交付俄军部队使用，2018 年开始向韩国军队销售。

S-350E 地空导弹武器系统的研制始于 1993 年，其研制目标是用以取代"山毛榉"地空导弹武器系统。1999 年，科研生产联合公司在俄罗斯举办的国际航空航天展览会上展示了 S-350E，因而使"勇士"成名。2011 年，S-350 项目完成全部设计，2012 年生产了数枚原型导弹，试验从 2013 年开始，于 2015 年完成。2017 年 8 月 22 日，俄罗斯金刚石 -

◎俄罗斯S-350E地空导弹及发射装置

安泰公司在其举办的"军队-2017"国际军事技术论坛上展出了S-350"勇士"防空导弹系统的最新出口产品。

S-350E地空导弹武器系统主要由轮式越野车搭载的操作台、50N6E多功能雷达（知识链接）、发射装置（12联垂直发射管）和导弹组成。该系统可以同时引导32枚导弹拦截16目标。该系统的主要优势：① 战斗操作是全自动的，操作员只需要启动和监控系统，② 体积小、携弹量大（每座发射装置有12枚导弹），每个S-350E地空导弹营最多可配备8部发射装置、96枚导弹。

S-350E地空导弹武器系统采用2种配置方案：一是自卫作战配置，基本作战单元由1部雷达火控车和4辆发射车组成，发射管内装填射程较近的导弹，主要拦截敌方巡航导弹、反辐射导弹、滑翔制导炸弹等。二是多功能作

◎俄罗斯S-350E地空导弹及发射装置

战配置，以 1 部移动指挥车为中心，控制 2 辆雷达火控车和 8 辆发射车，同时装填 2 种不同射程的导弹，以便应对包括战术弹道导弹和战机在内的多种目标。

S-350E 地空导弹武器系统针对空气动力目标和巡航导弹，最大拦截距离为 120 千米，拦截高度为 0.01～30 千米；对弹道导弹目标最大拦截距离为 30 千米，最大拦截高度为 25 千米。

S-350E 地空导弹武器系统配备 9M96E2 中远程（120 千米，主动雷达导引头）、9M96E 中程（40 千米，主动雷达导引头）和 9M100 短程（射程 15 千米，红外导引头）3 种射程的导弹。其中，9M100 地空导弹长 3.165 米，重 140 千克，弹径 0.2 米、翼展 0.536 米，战斗部重为 14.5 千克。拦截距离 0.5～15 千米，拦截高度 0.005～8 千米。

◎俄罗斯S-350E地空导弹系统火控雷达车

◎俄罗斯 9M100 地空导弹

3. S-400 系列导弹：“凯旋”之戟

　　S-400 地空导弹武器系统（“凯旋”，SA-21）是由俄罗斯金刚石中央设计局牵头设计，在 S-300P 地空导弹武器系统的基础上，以全新的设计思路研制的第四代地空导弹武器系统。该系统采用了模块化的系统结构，可以与 S-300P 系列所有型别的导弹系统组合，以新系统带动老装备，充分调动并提升了整体作战潜力。可采用的导弹包括 48N6DM、9M96E、9M96M、48N6、40N6、48N6E2、48N6E3 和 9M96E2 等 8 种型号地空导弹，具有远、中、近程和高、中、低空一体化、多通道、火力强、同时攻击不同性质目标、抗强电磁干扰的防空作战能力。目前，俄军已经部署了 13 个团的 S-400 防空系统（每团 2 ～ 3 个营）。俄罗斯已同意将该型导弹销往白俄罗斯、哈萨克斯坦、土耳其、越南、印度和沙特阿拉伯等国。

　　S-400 地空导弹武器系统于 20 世纪 80 年代末开始研制，1999 年 1 月 12 日首次试验成功，2004 年俄罗斯空军首次装备了 2 套 S-400 地空导弹武器系统，2007 年 4 月底正式列装到俄罗斯首都莫斯科近郊的空军防空导弹部队。该系统由 1 套改进型的 30K6E 指挥系统、6~8 套 98K6E 地空导弹发射系统、多种型号的若干枚地空导弹等装备组成。该系统可以齐射 96 枚导弹，同时拦截 48 个目标。

　　S-400 地空导弹武器系统的基本型导弹为 48N6E2/E3 型和 9M96E/E2 型。前者的射程为 200 千米，可以对付最大速度为 2800 米 / 秒的弹道导弹目标；后者的射程为 250 千米，可以拦截 4800 米 / 秒的弹道导弹目标。拦截弹道导弹的最大距离为 60 千米。还可使用 S-300 系统的 48N6、9M96M、40N6 和 48N6DM 等型地空导弹。

◎俄罗斯 S-400 地空导弹武器系统

© 俄罗斯 S-400 地空导弹武器系统展示

◎部署在克里米亚的S-400地空导弹武器系统

2 July 2017

96L6雷达

煤仓

92N6雷达

叙利亚P-14雷达

4 x 5P85SM TELs

◎部署在叙利亚的 S-400 地空导弹武器系统

S-400 地空导弹武器系统数据表

项目	9M96M 导弹	40N6 导弹	48N6DM 导弹（出口型号 48N6E3）
弹长	5.2 米	7.5 米	7.5 米
弹重	333 千克	1600 千克	1900 千克
飞行均速	1000 米 / 秒	5 马赫	2500 米 / 秒
拦截空气动力目标的有效射程	20 千米	400 千米	250 千米
有效射高	0.025 ~ 30 千米	0.025 ~ 30 千米	30 千米
动力装置	单级固体火箭发动机	单级固体双推制式火箭发动机	单级高能固体火箭发动机
制导	TVM+ 主动雷达	TVM+ 主动雷达	TVM+ 主动雷达
杀伤概率	0.96	0.9	0.9
战斗部	破片杀伤战斗部	高能破片杀伤战斗部	破片杀伤战斗部

　　由于 S-400 地空导弹武器系统的导弹发射装置采用了模块化、通用化设计，5P85SE2 运输发射筒具可灵活采取多种不同的配弹方式，或采用大、小弹混装的形式，或采用全部装大弹或小弹，或采用装 2 枚大弹（48N6E2 或 48N6E3）、8 枚小弹（9M96E 或 9M96E2），或 3 枚大弹、4 枚小弹，以及其他几种组合方式。因此，该系统另外还可发射 S-300P 地空导弹武器系统的 3 种型号地空导弹。

　　（1）9M96M 导弹。9M96M 地空导弹长 5.2 米，弹重 333 千克，导弹飞行均速 1000 米 / 秒，拦截空气动力目标的有效射程 20 千米，有效射高 0.025 ~ 30 千米，动力装置为单级固体火箭发动机，破片杀伤战斗部，采用 TVM+ 主动雷达制导，杀伤概率 0.96。

　　（2）40N6 导弹。40N6 地空导弹长 7.5 米，弹重 1600 千克，导弹飞行均速 5 马赫，拦截空气动力目标的有效射程 400 千米，有效射高 0.025 ~ 30

俄罗斯四联混装地空导弹

千米，动力装置为单级固体双推制式火箭发动机，高能破片杀伤战斗部，采用 TVM+ 主动雷达制导，杀伤概率 0.9。

（3）48N6DM 导弹。48N6DM 地空导弹（出口型号 48N6E3）长 7.5 米，弹重 1900 千克，弹径 0.519 米，最大射程 250 千米，最大射高 30 千米，导弹飞行均速 2500 米 / 秒，破片杀伤战斗部重 180 千克，动力装置为单级高能固体火箭发动机，采用 TVM+ 主动雷达制导，杀伤概率 0.9。

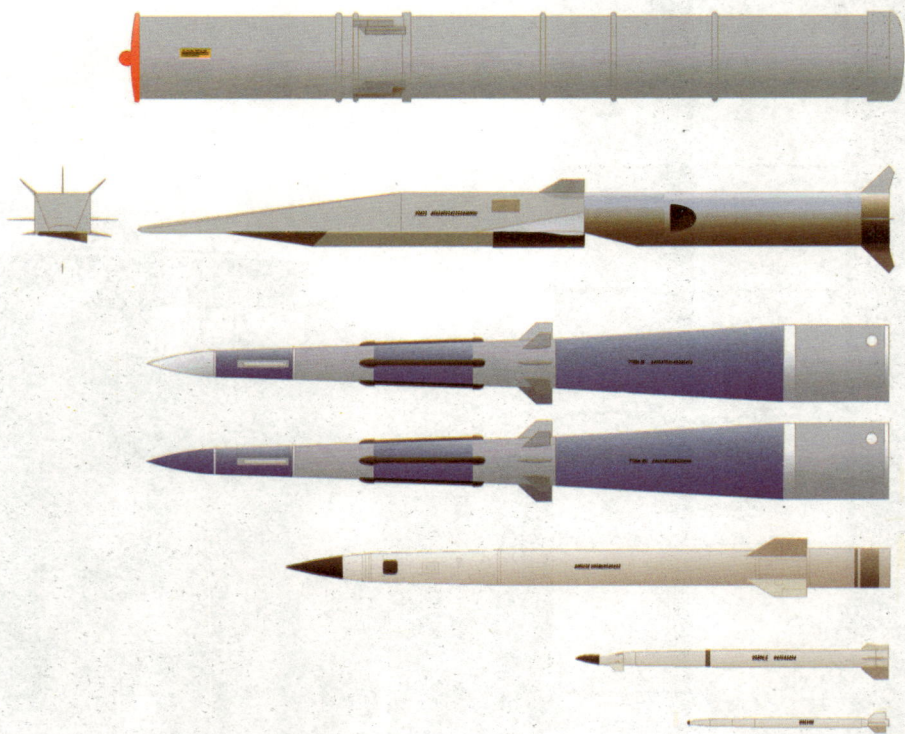

◎俄罗斯 40N6 地空导弹

◎ 俄罗斯四联装 48N6DM 导弹及系统装备

4. A-235 系统导弹：核常反导

利用核弹头进行反导作战，苏联／俄罗斯已经研发了多年。苏联 1971 年开始研制部署 A-135 反导系统，用来替代 A-35M 系统保卫莫斯科地区的空中安全。A-135 反导系统配备 51T6 和 52T6 型拦截导弹，前者用于拦截高度 100 千米以内、距离不超过 600 千米的远距离目标，后者则用于拦截距离相对较近的目标。1995 年又配备了 53T6 型拦截导弹。

51T6 地空导弹是 A-135 反导系统配置的另一种拦截导弹。51T6 拦截导弹是一种大型 2 级导弹，装在标准的运输—发射筒内，像洲际弹道导弹一样从地下井中发射。51T6 拦截导弹的有效射程为 350 千米，战斗部采用 1 万吨级当量 AA-84 核弹头。

◎俄罗斯 51T6 型拦截导弹及运输车

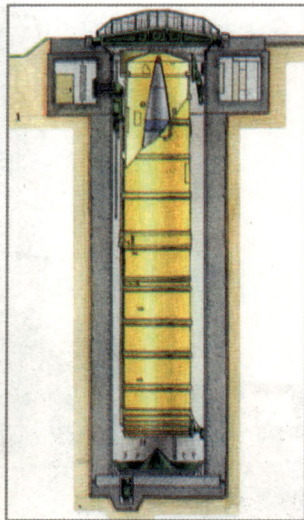

◎俄罗斯 51T6 型拦截导弹发射井

目前，俄罗斯 A-135 反导系统部队编成 9 个反导师，共有 100 枚反导导弹，其中包括 36 枚射程较远的 51T6 拦截导弹和 64 枚射程较短的 53T6 拦截导弹（均配备 AA-84 型战术热核弹头）。

为适应日益增大的弹道导弹威胁的作战需求，苏（俄）于 1991 年开始研制新一代的 A-235 反导系统。该系统由俄罗斯金刚石 - 安泰公司研发，同时研发 A-235

反导系统和反导拦截导弹的新型战斗部、改进"顿河"-2NP 雷达接收机的性能、发射装置的配套设备、安装"厄尔布鲁士"-3M 新型超级计算机等多个项目。2011 年 12 月 20 日进行了成功试验，并于 2012 年年底部署在莫斯科州附近。2014 年 8 月，俄罗斯宣布测试用于 A-235 反导系统的新型拦截导弹。2016 年 1 月，俄罗斯官方宣布正在建立新型反导盾牌，计划在未来几年内将 A-135"阿穆尔"反导防御系统深度升级为 A-235 反导系统。

　　A-235 反导系统配备有 3 种拦截导弹，其中，配备 51T6（改型）拦截导弹（核战斗部），用于摧毁距离 1500 千米以内、高度 800 千米以下的弹道目标。配备 58R6(NUDOL OKR)拦截导弹，用于消灭距离 1000 千米以内、高度 120 千米以下的弹道目标。配备 53T6M 拦截导弹或 45T6 拦截导弹（53T6

◎ A-235反导系统的"顿河"-2NP 雷达

拦截导弹的改型），用于摧毁距离 350 千米以内、高度 50 千米以下的弹道目标。2007 年以来，53T6 拦截导弹共进行了 12 次发射试验。

　　58R6（NUDOL）拦截导弹由俄罗斯金刚石 - 安泰设计局研制，从 2014 年起，已进行了 4 次发射试验，其中成功与失败各 2 次。该拦截导弹既可用于反导作战（为主），也可用于反卫星作战（为辅）。

◎A-235 反导系统的 51T6 拦截导弹及运输车（上）

◎ A-235 反导系统的 58R6拦截导弹及发射车（左）

◎A-235 反导系统的 53T6 拦截导弹及运输车

9M332 舰空导弹数据

项目	数据
弹长	2.895 米
弹重	167 千克
弹径	0.235 米
翼展	0.65 米
射程	1.5 ~ 12 千米
射高	0.01 ~ 6 千米
最大飞行速度	800 米 / 秒
机动过载	30G
高能破片式战斗部重	17 千克
杀伤半径	15 米
制导方式	采用无线电指令制导方式

◎俄罗斯驱逐舰发射 9M332 舰空导弹

3. 9M311 导弹：近程杀手

9M311 舰空导弹是俄罗斯海军舰载"栗树"（出口型"卡什坦"）弹炮结合防空系统的近程拦截导弹。由苏联 / 俄罗斯 KBP 仪表设计局研制。主要用于防御飞机、直升机、精确制导弹药的空袭。1988 年装备苏联海军。

"栗树"弹炮结合防空系统是一种将大威力火炮、多用途导弹和一体式雷达 / 光电火控系统集成在一个炮塔上的防空系统。系统的基本配置由跟踪雷达、光电系统、制导雷达、2 门 6 管 30 毫米火炮、2 组 4 管 9M311（SA-N-11）防空导弹（备弹 64 枚）、发射装置和导弹再装填装置等设备组成。有的战舰则配置 6 ~ 8 座弹炮装置，每座装置有 8 枚 9M311 舰空导弹。"基洛夫"级巡洋舰配置了 6 座"栗树"弹炮结合防空系统，共配备 192 枚 9M311 舰空导弹。"栗树"弹炮结合防空系统的联合杀伤概率为 0.96 ~ 0.99。

"栗树"弹炮结合防空系统采用模块化结构设计，包括指挥模块、作战模块、防空导弹存储和再装填系统、防空导弹和炮弹。体积小、重量轻，配装在多种舰艇上；还可以根据舰艇排水量和作战任务的不同，将指挥模块和作战模块灵活地组成多种配置形式。该系统可在 1 分钟内对 6 个空中目标进行跟踪和攻击。

◎ 俄罗斯"栗树"弹炮结合防空系统

9M311 导弹近程舰空导弹数据

项目	数据
弹长	2.563 米
弹重	60 千克
战斗部重量	9 千克
射程	1.5 ~ 10 千米
有效射程	8 千米
最大射高	6 千米
机动过载	35G
制导方式	根据干扰情况采用无线电指令制导或红外制导方式

◎ 俄罗斯 9M311 舰空导弹发射

第**4**章

欧洲部分国家
防空导弹：
新星升起

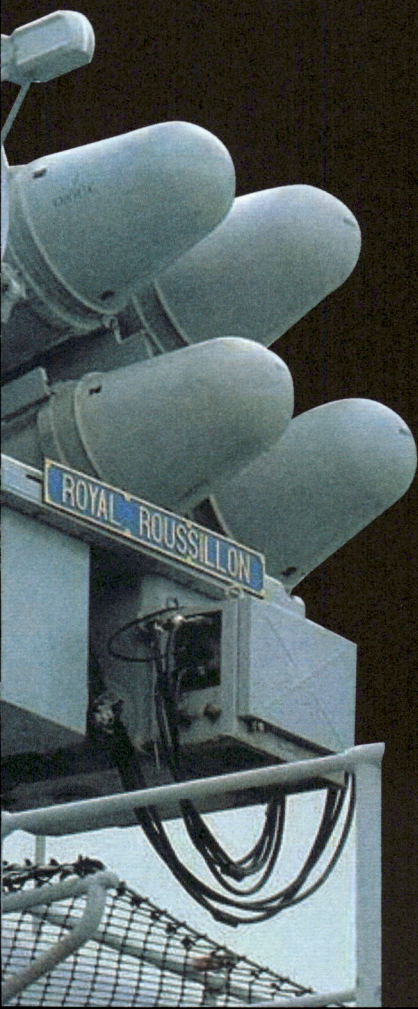

欧 洲部分国家装备的防空武器，一方面来自于美国的军售，另一方面也有欧洲导弹集团（MBDA）研制的或有些国家自行研制的防空导弹。本章主要介绍欧洲部分国家自行研制、欧洲导弹集团联合研制的 9 种型号的防空导弹。

值得一提的是欧洲导弹集团（MBDA）。该集团起步于 1996 年，初建于 2001 年，正式建立于 2006 年 3 月。欧洲导弹集团由英国、法国、德国和意大利四国联合组成，其设计制造商包括法国宇航－马特拉导弹公司、意大利芬梅卡尼卡集团和 BAE 系统公司，总部位于法国巴黎。欧洲导弹集团研制和生产的各型导弹已超过 3000 余枚，销售于世界 90 余个国家和地区，已成为世界上第二大导弹制造商（仅次于美国雷神导弹系统公司）。

一、地空导弹

欧洲部分国家自行研制、联合研制地空导弹历史悠久。纳粹德国是最早研制出地空导弹的国家，在"二战"期间就研制了"火百合"F25/F55、"蝴蝶"HS117 等型号的接近实战能力的地空导弹。"二战"后，德国、法国、意大利、英国、西班牙、瑞士等国采取独立或合作研制的方式，从 20 世纪 60 年代中期开始，陆续研制出了"山猫"地空导弹、"星光"地空导弹、"吹管"地空导弹、"西北风"地空导弹、"夏安"地空导弹、"米卡"

◎欧洲国家"紫菀"-30 导弹发射

◎法国"米卡"地空导弹

地空导弹、"阿斯派德"-2000 地空导弹、"罗兰特"地空导弹、"轻剑"地空导弹、"卡姆"地空导弹、"防空卫士"地空导弹、"阿达茨"和"紫菀"地空导弹等。

1. "紫菀"-30 导弹：欧洲之箭

"紫菀"-30 地空导弹（ASTER-30，又译"紫苑"-30）是法国、意大利合作研制的未来地空导弹族系统（FSAF）使用的拦截导弹之一，另一种型号是"紫菀"-15 地空导弹。该型导弹既有地空型，也有舰空型（"紫菀"-15/30）。

20 世纪 80 年代，法国、意大利开始合作研制新的防空导弹武器系统 FSAF，用以取代老式"响尾蛇"地空导弹、"霍克"地空导弹和"响尾蛇"舰空导弹、"标准"-1 舰空导弹。配备"紫菀"-30 地空导弹的 SAMP/T 防空系统于 1990 年开始研制。1995 年 7 月 18 日完成了"紫菀"-30 地空导弹的发射试验，同年 11 月完成了拦截超音速巡航导弹的试验。1997 年完成首次试射。1999 年进行了同时跟踪多个目标与抗饱和攻击能力测试。2000 年在德国柏林航展上首次亮相。2001 年年底完成了 SAMP/T1 防空系统的全系统测试，2002 年起装备法国和意大利军队使用。尔后对该型号导弹进行升级改进，于 2011 年 11 月 14 日进行了首次拦截弹道导弹试验。

◎ 法国与意大利研制的"紫菀"-30 地空导弹

◎ 法国与意大利研制的 SAMP/T1 防空系统

　　"紫菀"-30 地空导弹是 SAMP/T1 防空系统的拦截导弹。1 套典型的 SAMP/T1 系统由 1 辆雷达车（ARABEL）、1 辆指挥控制车、4～6 辆发射车和"紫菀"-30 地空导弹（每辆发射车配八联箱装导弹）组成。其中，指挥控制车装有导航和定位系统。该系统的主要特点：①自动化程度高，将使用和维修人员数量降到了最低。②采取了多种抗干扰措施，具备很强的抗电子干扰能力。③系统反应迅速，从发现目标到发射导弹只需 6 秒。

◎法国与意大利"紫菀"-30 地空导弹八联装发射车

"紫菀"-30地空导弹的设计特点有哪些？

　　"紫菀"-30地空导弹在技术设计上的特点：一是具有很高的机动性。它采用空气动力学和径向推力矢量控制结合技术，使导弹迅速转向，以最快的速度接近目标，飞行机动性高。二是具有很高的命中率。它采用"直接碰撞杀伤"技术，实验中"紫菀"导弹的爆炸点和目标中心点的距离小于 1.87 米。三是进行模块化设计。包括多功能火控雷达模块、垂直发射模块和指挥控制模块，可方便地安装在舰艇或卡车上，易于运输和储存，通用性强。四是用途广泛。可用于舰艇防空和陆基防空，可拦截作战飞机、超音速反舰导弹、预警飞机。

知识链接

④采用模块结构，使用灵活。⑤系统各部采用 6×6 卡车运载，具备很好的机动性。⑥ SAMP/T 系统还可和其他的探测设备（如光电装置）或情报系统相联，也可被纳入更高层次的防空网络中。

　　"紫菀"-30 地空导弹有 2 个型号，"紫菀"-30 Block1（2002 年装备）和"紫菀"-30 Block2（2005 年装备）。

"紫菀"－30 地空导弹和"紫菀"－30 Block2 数据（2005 年装备）数据

项目	参数
弹长	2.6 米
弹径	0.18 米
弹重	100 千克
助推器长	2.6 米
直径	0.54 米
最小射程	3 千米
对高度 3 千米以上的飞机最大有效射程	120 千米（Block2 为 150 千米）
对低于 3 千米以下的飞机最大有效射程	50 千米
最大机动过载	60G
聚焦高爆破片杀伤战斗部重	15 千克
拦截目标	能拦截以 15G 机动的目标
制导方式	采用惯性 + 无线电指令修正 +Ku 波段雷达主动寻的末制导方式

能对抗射程 1000 千米的近程弹道导弹（Block2 可拦截高度 20 ～ 60 千米、速度超过 3000 米 / 秒的中近程弹道导弹），可在 30 ～ 80 千米内拦截预警飞机

多功能火控雷达模块

　　所谓多功能火控雷达模块是指组成防空武器系统具有独立功能的半自律性的子系统，该模块通过标准的界面和其他同样的子系统按照一定的规则相互联系，就构成了更加复杂的防空武器系统。在防空武器系统的结构中，模块是可组合、分解和更换的子系统。而以法国和意大利为主、欧洲其他国家参与研制的"未来防空导弹系统"防空武器系统的多功能火控雷达子系统，就采用了模块化设计，具有地空导弹系统、舰空导弹系统的通用性，实现了模块的即插即用、灵活搭配，大幅降低了研制成本，提高了武器效能。

2. "米卡"导弹：法兰西之盾

20 世纪 80 年代，法国马特拉公司（现属欧洲 EADS 公司）首先研制出了"米卡"空空导弹（MICA）。其后多年间，"米卡"空空导弹衍生出了"米卡"地空导弹、"米卡"舰空导弹、"米卡"潜空导弹。"米卡"系列防空导弹是世界上第一种能在空中、地面、水面、水下四个空间作战的防空导弹。

2000 年 7 月，法国宇航 - 玛特拉公司（"米卡"空空导弹的制造商）、西班牙航空制造公司（CASA）和德国戴姆勒 - 克莱斯勒航宇公司（DASA）合并，组成欧洲航空防务和空间公司（EADS）公司，欧洲导弹集团接手了"米卡"空空导弹的后续研发工作；同年，在新加坡举行的亚洲航空展上，

◎法国"米卡"地空导弹发射车

MBDA 首次公开展示了他们新研制的垂直发射型"米卡"地空导弹武器系统。2001 年，"米卡"地空导弹首试成功。2008 年 10 月正式定型，装备法国军队。2009 年外销到罗马尼亚等国家。2011 年成功进行了拦截防区外空地导弹试验。

　　"米卡"地空导弹武器系统由 1 辆指挥车（指挥控制模块，战术指挥中心）、1 辆雷达车（雷达探测模块，三坐标相控阵雷达）、4 辆导弹发射车（导弹发射模块，每车装有四联装标准发射箱）及相应配套车辆（保障模块）组成。该系统是一个开放式、分散部署的模块集合体。整个系统可在 10 分钟内完成从行军状态向战斗准备的转换，反应时间小于 15 秒，导弹再装填时间为 15 分钟，系统可在 12 秒内发射 8 枚导弹拦截 4 个目标，平均发射间隔时间为 2 秒。该系统主要特点：

◎法国"米卡"地空导弹武器系统

◎法国展示"米卡"地空导弹武器系统

①可靠性高。采用分散式的系统布局,探测模块、发射模块和战术指挥中心都是各自独立的,不会因为某个模块被击毁而使整个作战单元瘫痪,保证了整个系统较高的战场生存概率。②网络化程度高。系统内引入了网络化作战的理念,强化了车际间、作战单元间的数字通信体系,传感器(雷达、红外探测器)得到的数据可以在作战单元内部乃至不同单元间自由流动。③系统具备发射后不管能力,可全天候作战,可同时拦截多个目标,抗电子干扰能力强。

"米卡"地空导弹数据

项目	数据
弹长	3.1 米
弹重	112 千克
弹径	0.16 米
翼展	0.48 米
最大飞行速度	3 马赫
最大射高	9.2 千米
最大射程	20 千米(改进型为 60 千米)
预制破片高爆杀伤战斗部重	13 千克
每个发射箱可装导弹	4 ~ 6 枚(垂直热发射)
制导方式	采用惯性 + 无线电指令修正 + 主动雷达或红外成像

3. "卡姆"导弹:"通用"利箭

"卡姆"(CAMM)地空导弹是欧洲导弹公司(MBDA)应英国国防部的要求专门研发的垂直发射型通用模块化防空导弹。"卡姆"地空导弹是未来区域防空系统(FLAADS)项目的核心。"卡姆"地空导弹是应用了 AIM-132 空空导弹的技术研发的地空型武器。

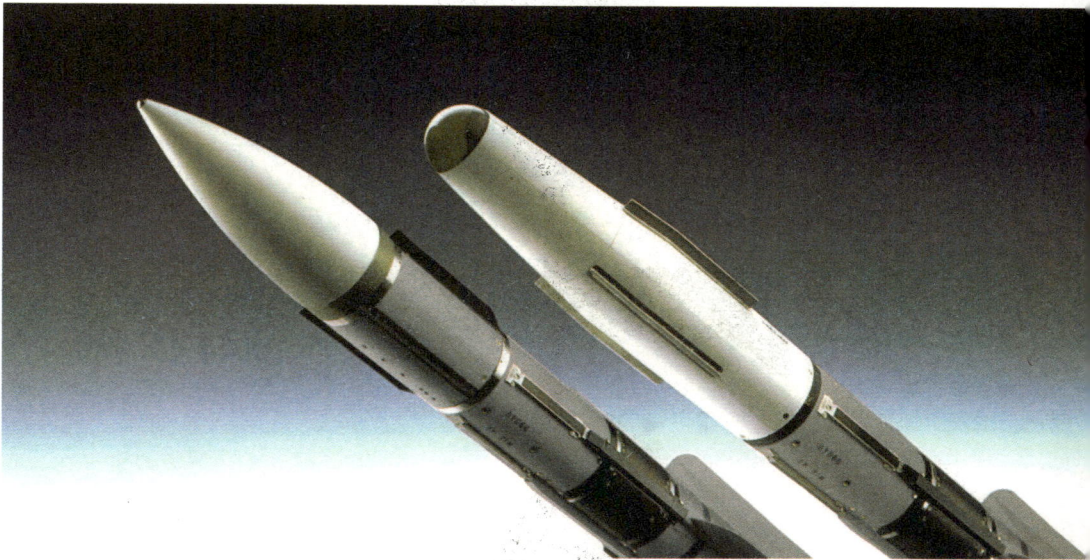

◎法国"米卡"地空导弹两种导引头（左雷达右红外）

2005 年 12 月，未来区域防空系统开始预研。2008 年，英国要求加快启动未来区域防空系统项目研制。2009 年年初，英国政府把未来区域防空系统项目定为国防部项目。2012 年 1 月，泰利斯贝辛斯托克公司开始研制"卡姆"地空导弹武器系统的激光近炸引信。未来区域防空系统的舰空型导弹于 2017 年装备使用、地空型导弹于 2018 年装备部队。

"卡姆"地空导弹武器系统由指挥控制模块（战术指挥中心）、雷达探测制导模块（三坐标相控阵雷达）、导弹发射模块（4 ～ 6 辆导弹发射车，每车装有十二联装发射箱）和相应配套车辆（保障模块）组成。该型地空导弹的拦截目标包括喷气式飞机、直升机、巡航导弹和无人机。

"卡姆"地空导弹长 3.3 米，弹重 99千克，有效射程 25 千米，动力装置为单级固体火箭发动机，使用激光碰炸 / 近炸引信

◎英国"卡姆"地空导弹试射

123

◎展示中的英国"卡姆"地空导弹

◎英国"卡姆"地空导弹 12 联装发射架

◎飞行中的英国"卡姆"地空导弹

及爆破杀伤战斗部，配有主动雷达导引头和双向数据链，以及开放式的结构内部通信总线，与 AIM-132 空空导弹类似，采用主动雷达制导方式。

4. "阿斯派德"-2000 导弹：意大利之箭

"阿斯派德"-2000 地空导弹（ASPIDE-2000）是意大利塞列尼亚公司研制的一种多用途导弹，是"斯帕达"（SPADA）地空防卫系统的拦截导弹，（"奥尔巴托斯"ALBATORS 舰载防空武器系统配备"阿斯派德"-2000 舰空导弹）。"阿斯派德"-2000 地空导弹武器系统的其他用户包括巴西、埃及、科威特、巴基斯坦等国。

125

　　"阿斯派德"-2000 地空导弹武器系统是意大利在引进美国 AIM-7E-2 空空导弹的基础上研制的一种中程地空导弹型号。1969 年开始预研，1971 年开始研制，1974 年成功首飞，1978 年定型，1979 年投产，1980 年装备部队。

　　"阿斯派德"-2000 地空导弹武器系统由两大模块构成：探测中心模块和发射区模块（4 个以上发射器）。探测中心模块包括 1 个防护性很强的搜索和预警雷达（C 波段跟踪与指示雷达）及作战中心，发射区模块包括火控中心（跟踪和指示雷达及控制单元）和导弹发射器（六联装倾斜式发射箱）。

◎ "阿斯派德"-2000 地空导弹六联装发射装置

知识链接

C波段跟踪与指示雷达

　　C波段跟踪与指示雷达是为防空部队提供防区内空情、工作在C波段的对空情报雷达。它是一种在对空中目标进行搜索的同时，还能连续跟踪目标，并能发送目标情报的对空情报雷达。C波段跟踪与指示雷达在传统跟踪与指示雷达的基础上，借助计算机和先进算法软件，能够实现多目标的快速跟踪和目标指示。现代防空武器系统中，通常配备机动能力较强和数据率较高的中近程两坐标雷达或三坐标雷达作为跟踪与指示雷达，可为防空部队提供及时、连续的目标位置、速度、性质等情报数据，使其迅速捕获目标。

"阿斯派德"–2000地空导弹数据

项目	数据
弹长	3.7 米
弹重	230 千克
弹径	0.203 米
翼展	0.8 米
最大飞行速度	2.5 马赫
最大射高	13 千米
射程	5 ~ 40 千米
动力装置	单级固体火箭发动机
机动过载	35G
预制破片杀伤式战斗部重	34 千克
制导方式	采用半主动雷达寻的制导方式

三坐标相控阵雷达

　　三坐标相控阵雷达，是指采用相控阵雷达天线和相位扫描体制（电控制雷达波束的指向变化进行扫描），同时测量空中目标距离、方位、高度的雷达，分为有源与无源三坐标相控阵雷达两类。以采用二维数字有源相控阵体制的有源三坐标相控阵雷达为例，主要特点有：一是作用距离远、测量精度高、抗干扰能力和机动性强。二是数据传输率高、速度快。三是工作模式转换灵活，雷达波束可以按需求进行任意方向的改变。四是根据需要可部署在陆地、舰船和飞机上，用于侦察警戒或火控系统中。

◎北约设想的"阿斯派德"拦截场景

二、舰空导弹

　　欧洲部分国家研制了多种型号的舰空导弹。这些舰空导弹的研制，或是以地空导弹系统技术为基础，或是以空空导弹系统技术为基础进行研制。主要型号有，"海猫"舰空导弹、"海狼"舰空导弹、"米卡"舰空导弹、"紫菀"-15舰空导弹、新型"响尾蛇"舰空导弹等。

◎英国"海猫"舰空导弹曾击落多架阿根廷飞机

◎英国"海狼"舰空导弹六联装发射架

1. "米卡"导弹：海防之箭

"米卡"舰空导弹（VL-MICA-M）是欧洲导弹集团（MBDA）的法国马特拉公司研制的"米卡"防空导弹的系列产品之一。2000年2月第一次在新加坡亚洲航空展上向公众公布。

"米卡"舰空导弹的研制与地空型产品同时展开，但研制速度却明显快于后者。1999年，"米卡"舰空导弹完成首次试射。2000年装备部队使用，并外销到阿曼、摩洛哥、印度尼西亚和马来西亚等国。

"米卡"舰空导弹武器系统包括数个小型化和轻量化的舰载"席瓦尔"A-35垂直发射系统，可根据水面舰艇的吨位在四联装、六联装和八联装3种规格中选择，适装性极好。

"米卡"舰空导弹武器系统采用与"米卡"地空导弹武器系统相同的导弹，性能完全相同。其特点是："米卡"舰空导弹在研制时融合了开放式、

◎法国"米卡"舰空导弹系统作战示意图

◎"西格玛"级护卫舰"米卡"舰空导弹系统

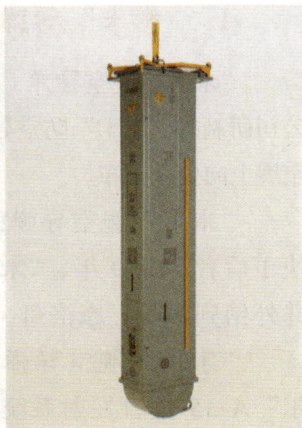

◎法国"卡米"舰空导弹发射装置

垂直发射、分散部署、模块化结构等新概念，采用主动雷达制导或红外成像制导，具备"发射后不管"的能力；而且无须安装专门的载舰火控系统，只需载舰雷达和光电探测系统提供目标信息即可遂行作战任务。

2. "紫菀"-15 导弹：近程利剑

"紫菀"-15 舰空导弹（ASTER-15）是舰艇编队多层次防空的主防空导弹系统（PAAMS）的拦截导弹之一。另一种拦截弹是 ASTER-30 导弹，该型导弹性能与地空型性能基本相同，还拥有拦截掠海超音速反舰导弹的能力（有效射程 15 ~ 30 千米）。

1999 年 4 月，英国决定与法国、意大利联合研制主要用于舰艇编队多层次防空的主防空导弹系统（PAAMS），8 月 11 日成立了欧洲主防空导弹系统联合投资公司开始研制。2003 年进行 PAAMS 舰载主防空导弹系统的综合试验。2005 年进行海上发射试验，同年向英国海军交付第一套 PAAMS 舰载主防空导弹系统。2006 年开始批量生产并进行港口试验和海上试验。2007 年起，陆续装备法国、意大利和英国海军，并继续进行试验完善。PAAMS 舰载主防空导弹系统主要装备在法国、意大利、英国、沙特阿拉伯、新加坡等国的航空母舰、导弹驱逐舰、导弹护卫舰上。

PAAMS 舰载主防空系统主要由"埃姆帕"G 波段（法国和意大利使

用）或"桑普森"F/Z 波段（英国使用）多功能雷达、T1850 型 D 波段远程搜索雷达、2 座八联装"席尔瓦"（SVLVER）垂直导弹发射系统和"紫菀"-15 或"紫菀"-30 主动寻的舰空导弹组成。其中，T1850 型 D 波段雷达负责向主防空导弹提供三坐标搜索信息，以及向舰艇作战系统提供水面和空中图像数据。

"紫菀"-15 舰空导弹的主弹体装有导引头、制导段、战斗部、数据链、控制面、小型续航发动机及侧向发动机。该型导弹和"紫菀"-30 导弹系统共用法国制造的"西尔瓦"八联装垂直发射装置。

◎ "紫菀"-15 舰空导弹发射

◎ "紫菀" -15 舰空导弹试射

◎ "紫菀"-15 舰空导弹（下图）　　　　◎ 英国45型驱逐舰配备 "紫菀"-15 舰空导弹（上图）

"紫菀"-15舰空导弹数据

项目	数据
弹长	2.6 米
弹径	0.18 米
弹重	100 千克
高爆战斗部重	15 千克
助推器长	1.6 米
直径	0.36 米
最大射高	10 千米
射程	1.7 ~ 40 千米
最大机动过载	50G
拦截目标	能拦截以 15G 机动的目标
制导方式	采用惯性 + 指令 + 主动雷达制导方式

3. "海响尾蛇"导弹：新型杀手

"海响尾蛇"舰空导弹（SEA CROTALE MISSILE）是法国汤姆逊-CSF和马特拉公司联合研制的全天候近程舰空导弹武器系统的拦截导弹，是基于"响尾蛇"地空导弹（CROTALE MISSILE）武器系统研制而成的舰载型号。该系统主要装备法国、沙特阿拉伯、南非等国海军。

1980年，汤姆逊CSF和马特拉公司与沙特阿拉伯签订了研制整体式"海响尾蛇"舰空导弹武器系统（8S型）的协议。整体式8S型"海响尾蛇"舰空导弹系统，是"海响尾蛇"舰空导弹系列家族中的高端武器。1984年年底交付第一套发射装置。随后法国海军在航空母舰上装备了8S型舰空导弹武器系统，并于1986年起在导弹驱逐舰、护卫舰上装备8MS型"海响尾蛇"舰空导弹武器系统。

"海响尾蛇"舰空导弹武器系统由搜索指挥系统、发射制导系统（八联装的8MS型发射装置或四联装的4MS型发射装置）及技术保障设备组成。

◎法国"海响尾蛇"舰空导弹系统（8MS型）

知识链接

"紫菀"-15舰空导弹的战斗力有多强？

　　"紫菀"-15舰空导弹有六大特点：一是射程增加到30千米，具有舰艇自卫、舰队防空和低高度反弹道导弹能力。二是由于采用末端主动雷达寻的制导，其导引机制更为优良。三是雷达导引器采用脉冲多普勒技术、J波段操作和比例导引法，拦截精确度更佳。四是采用先进的动力设计，可拦截以15G加速度猛烈闪避的目标。五是采取热发射技术，导弹发射后能在2.5秒内加速至3马赫，这对导弹后续飞行意义重大。六是可对付飞机、直升机、无人机、拦截掠海导弹、对地导弹等多类型目标。

"海响尾蛇"舰空导弹数据

项目	数据
弹长	2.94 米
弹重	87 千克
弹径	0.15 米
飞行速度	大于 2.4 马赫
机动过载	25G
有效射程	反飞机为 10 千米、反直升机为 13 千米、反掠海导弹为 8.5 千米
制导方式	采用无线电指令制导、三点法导引
单发导弹杀伤概率	0.82（雷达导引头）、0.9（红外型）

◎法国"海响尾蛇"舰空导弹发射装置

法国"海响尾蛇"舰空导弹的战斗力到底有多强？

　　"海响尾蛇"舰空导弹主要特点：一是导弹发射装置和多传感器火控系统采用同轴配置的8S型模块，发射装置与指向器为8MS型模块、4MS型模块（分开配置），易于改装，导弹射程增大；二是采用雷达、红外、电视等多种手段跟踪目标和制导导弹的多传感器组合运行体制，使系统在所有态势下均能截获、跟踪目标，特别是能精确地跟踪掠海导弹，反电子干扰能力和连续跟踪能力强；三是采用能在超低空有效工作的主动式电磁近炸引信，并由火控系统控制战斗部爆炸，导弹超低空作战能力强；四是火控系统与舰载监视、探测、识别系统交连，还拥有控制火炮和其他武器的能力；五是武器系统维护简单。

135

第 **5** 章

亚洲部分国家
防空导弹：
借鸡下蛋

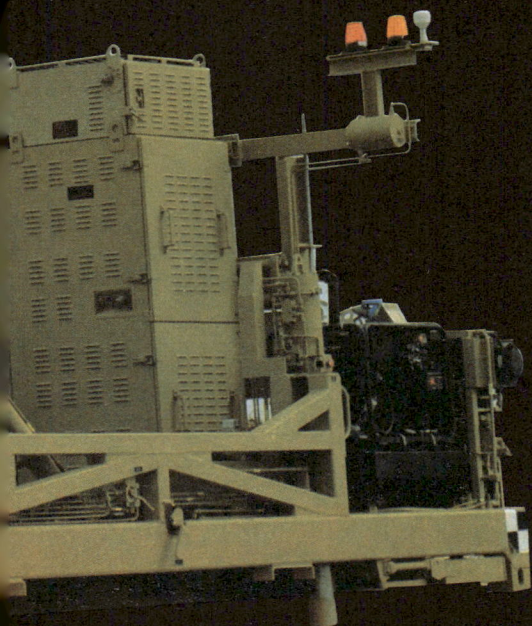

亚 洲国家研制防空导弹的历史已有近60年。60年间，亚洲有的国家掌握了防空导弹的研制技术，拥有很强的技术积累；有的国家完全依靠引进成品装备；有的国家则边引进成品装备边进行仿制。总的来说，亚洲国家在防空导弹研发领域不如美国、苏联/俄罗斯和欧洲少数国家。

一、地空导弹

亚洲地区部分国家装备的地空导弹武器系统，一方面来自美国、俄罗斯、法国、欧洲导弹集团、以色列研制的产品，另一方面来自联合研制或本国自行研制的地空导弹武器系统。以色列是研制地空导弹武器系统技术最成熟、武器最精良的国家之一；日本拥有自行研制地空导弹的能力，且与美国联合，参与研制、升级"爱国者"系列地空导弹，技术储备也很雄厚；印度、韩国、朝鲜研制地空导弹武器系统的路径，主要是引进技术进行仿制或引进人才与技术进行合作研制。本章主要介绍日本、印度、以色列防空导弹的研制情况。

"天空"导弹长5.8米，射程30千米，发射重量720千克，能够携带50千克弹头。这种导弹对印度防空计划至关重要，将被用来打击敌军导弹和飞机。

与美国"爱国者"导弹系统类似，"天空"导弹系统能够同时跟踪64个目标，其自带雷达系统可以命令发射器一次发射12枚导弹。

◎印度展示"天空"地空导弹

1. CHU-SAM 导弹：东洋之盾

CHU-SAM 地空导弹（03 式地空导弹，或称 SAM-4、中 SAM）武器系统是日本防卫厅（防卫省）技术研究与开发所和三菱电气公司合作研制的中程地空导弹武器系统，用以替换陆上自卫队 8 个防空群装备服役了 30 余年的"霍克"（HAWK）地空导弹武器系统。

1989 年，日本提出自行研制一种具有世界先进水平的反导型中程防空导弹武器系统，以取代从美国引进的"霍克"地空导弹武器系统。1990 年，CHU-SAM 地空导弹武器系统项目预研开始启动。1993 年进入项目的工程研制，2001 年在美国新墨西哥州白沙导弹靶场进行首次实弹试验，2002 年完成作战适用性试验，2003 年开始投资进行初始生产。2005 年起装备陆上自卫队，并按 1 ～ 2 年替换 1 个"霍克"-2 改型地空导弹武器系统单元（连）的计划进行换装。自 2009 年起，日本对该型导弹进行性能升级改装，2016 年完成了 16 个中队（连）的 CHU-SAM 地空导弹武器系统的升级（CHU-SAM kai）工作。

CHU-SAM 地空导弹武器系统主要由对空作战指挥装置、发射装置、雷达装置、火控装置、

©日本CHU-SAM地空导弹武器系统相控阵雷达

© 日本CHU-SAM地空导弹发射车

无线通信装置和运输装填装置组成。该系统可以同时跟踪多达 100 个目标，同时拦截 12 个空中目标。

　　CHU-SAM 地空导弹武器系统每个单元（连）包括 1 部多功能相控阵雷达、1 个指挥控制中心、1 个火控站和 4 辆发射车。每辆发射车上装有六联装导弹，导弹封装在运输、发射一体的发射箱内。每个防空群有 4 个或 5 个 CHU-SAM 地空导弹火力单元。

　　CHU-SAM 地空导弹长 4.9 米，弹径 0.32 米，弹重 570 千克，弹头重 73 千克，射程 50 千米（升级型为 70 千米），最大拦截高度为 10 千米，导弹最大飞行速度为 2.5 马赫（升级型大于 2.5 马赫），使用单级固体火箭发动机，采用垂直发射方式，可以 360 度全方位拦截空中目标，战斗部配有近炸和触发引信，采用主动雷达和成像双模自导引系统（红外、紫外双波段成像）制导方式。可以拦截空气动力目标、巡航导弹和近程弹道导弹。

141

◎ 日本CHU-SAM 地空导弹

2. PDV 导弹：“大地”反导

PDV 地空导弹是印度国防研究开发组织（DRDO）发展的新型拦截导弹（印度称为“大地防御飞行器”），用以替代之前研发的“普里特维防空拦截弹”（PAD，由印度“大地”-2 地地弹道导弹改装而成），是印度双层弹道导弹防御系统的重要组成部分，属于高层防御的拦截导弹。

20 世纪 90 年代，印度开始萌发建立反导系统的念头。1999 年，印度自行研发弹道导弹防御系统的工作正式启动。2004 年 8 月 1 日，印度成立专

日本发展防空导弹武器系统有多强？

日本在1999年开始和美国共同研发海基型导弹防御系统。日本主要负责四项尖端技术的研发：①弹头尖端的保护技术。②以红外线跟踪来袭的弹道导弹技术。③破坏目标的动能弹头。④第二级的火箭发动机。

日本在发展防空导弹武器的能力方面，主要有四个强点：一是军工科研基础强。既有专门研制防空导弹的企业——三菱重工、三菱电机，又有参加协作研制的企业——日本制钢所（制造火箭）、富士通（制造芯片和电子硬件）、NEC（制造指挥通信装备）。二是与域外合作关

© 日本 CHU-SAM 地空导弹升级后试射

系好。日本与美国合作研制了"标准"系列、"爱国者"系列防空导弹，还与西欧国家保持密切合作。三是创新能力强。四是经济实力强。有充足的军费购买先进防空导弹。日本通过采取外购和自研双管齐下的方式，目前已构建了由远程、中程、近程、短程等防空导弹组成的防空体系。主要防空导弹型号包括："标准"-2、"标准"-3 舰空导弹、"爱国者"-2、"爱国者"-3 地空导弹、03 式（CHU-SAM）中程地空导弹、81式低空近程地空导弹、"凯科"-91/"凯科"-93 便携式地空导弹。日本2017年正式决定引进2套陆基"宙斯盾"系统。

◎印度 PDV 地空导弹试射

门委员会负责建设本国国家导弹防御系统。2014 年 4 月 27 日，进行首次试射。2017 年 2 月 21 日，印度在卡拉姆岛成功试射"大地防御飞行器"（PDV）导弹。

印度双层弹道导弹防御系统的 PDV 地空导弹武器系统由指挥控制系统、"剑鱼"相控阵雷达系统、PDV 地空导弹及其他保障设备组成。该系统拥有移动发射装置，具备高度机动性。其中，"剑鱼"相控阵雷达由印度和以色列共同开发，能同时跟踪 200 个目标，最大探测距离达 600 千米，并能跟踪到速度 5000 米 / 秒的中远程弹道导弹。该雷达工作在 L 波段，有搜索 / 预警、跟踪 / 火控和综合 3 种工作模式。在预警模式下，能对来袭弹道导弹提供数分钟的预警时间，预测导弹的弹着点，并对目标进行分类。

PDV 地空导弹长 10 ~ 12 米，最大拦截高度可以达到 85 千米，拦截范围超过 100 千米（反导弹），弹头长 3 米，动力系统采用液体燃料和固体燃料两级火箭发动机，采用惯性导航 + 中段修正 + 末段红外导引制导方式。PDV 地空导弹能够拦截速度为 5 马赫，射程为 300 ~ 2000 千米级的弹道导弹。

◎印度 PDV 地空导弹

3. AAD 导弹：低层反导

AAD 地空导弹（"先进防空导弹"）武器系统由印度国防研究与发展组织（DRDO）研制，是印度双层弹道导弹防御系统的重要组成部分，属于低层防御的拦截导弹。

AAD 地空导弹武器系统的研制启动于 2004 年。2006 年进行成功首射试验。2007 年 12 月 6 日，AAD 型导弹成功击毁 1 枚地地弹道导弹靶弹。2010 年 7 月 26 日进行该型拦截导弹发射试验。2011 年 3 月 6 日，AAD 拦截导弹成功拦截了 1 枚"普里特维"-2 弹道导弹靶弹。2012 年 11 月 23 日，AAD 拦截导弹在 15 千米高度上成功摧毁了 1 枚弹道导弹靶弹，并进行了该系统同时用多个拦截器拦截多个目标能力的试验。2017 年 3 月 1 日，印度 AAD 型导弹成功拦截弹道导弹目标。截至 2017 年 12 月 28 日，AAD 共进行了 12 次试验，10 次获得成功。

AAD 拦截导弹武器系统是印度双层导弹防御系统的低空防御导弹，由任务控制中心（MCC）、发射控制中心（LCC）、"剑鱼"相控阵雷达、运输 / 起竖发射车（TEL）和 AAD 拦截导弹组成。

AAD地空导弹数据

项目	数据
弹长	7.5 米
弹重	1200 千克
弹径	0.42 米
拦截高度	0.05 ～ 30 千米
反飞机射程	0.05 ～ 200 千米
对弹道导弹目标的拦截距离	15 ～ 30 千米
最大飞行速度	4.5 马赫
动力系统	采用单级固体火箭发动机
最大机动过载	7G
制导方式	采用惯性导航 + 中段修正 + 末段主动雷达制导方式
配备了导航系统、高技术计算机，动力系统采用单级固体火箭发动机	

◎印度AAD拦截导弹试射　　◎印度AAD拦截导弹发射

◎印度"大地"弹道
导弹靶弹升空

4. "箭"-2 导弹：战区防卫

"箭"-2 地空导弹武器系统（ARROW-2），是以色列研制的被称为世界上第一种实用型战区弹道导弹防卫系统，拦截导弹最大飞行速度达到9 马赫，是世界上飞行速度最快的地空导弹。

◎以色列"箭"-2地空导弹发射

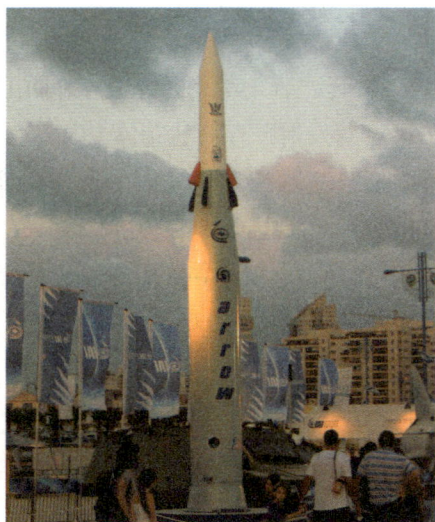

◎以色列展示"箭"-2地空导弹

　　"箭"-2 战区弹道导弹防卫系统是在"箭"-1 地空导弹武器系统基础上研制的新型反导系统，主要由以色列飞机工业公司下属的 MLM 系统工程部承担研制。1995 年 7 月 30 日，"箭"-2 拦截导弹首次飞行试验成功。1996 年 8 月 20 日，"箭"-2 首次成功地拦截了 1 枚雷达截面积、有效载荷与"飞毛腿"战术弹道导弹相仿的"箭"-1 地空导弹。1998 年 9 月 14 日，成功进行了首次整套系统飞行试验。2000 年 3 月 14 日，以色列正式部署"箭"-2 战区弹道导弹防卫系统。2003 年 1 月 5 日的第 10 次飞行试验中，该系统同时发射 7 枚"箭"-2 地空导弹，成功拦截 6 枚假想目标。

◎以色列"箭"-2 地空导弹试射过程

　　1 套"箭"-2 战区弹道导弹防卫系统装备有 4 辆或 8 辆发射车，每辆车载运 6 联密封发射贮存筒状箱体（内装有 6 枚导弹），1 部车载"榛树"（HAZELNUT TREE）发射控制中心，1 部车载通信中心，1 部车载"香缘树"（CITRON TREE）火控中心和 1 套可移动"青松"（GREEN PINE，又译"绿松"）地基早期预警、火控与导弹引导雷达系统。

"箭"-3 反导能力突出吗？

　　"箭"-3 导弹防御系统曾被以色列国防部称作"重要里程碑"，其反导能力主要体现在以下几个方面：第一，设计更紧凑、体积更小，具有强大的动能和灵活性。第二，高加速能力和机动能力强，能在大气层外的高度上实施拦截。第三，拦截距离远，可达 400 千米以上。第四，采用动能杀伤模式，杀伤拦截效率更高。第五，拦截能力更强，可拦截战术弹道导弹，也具有一定拦截战略弹道导弹的潜力。第六，拥有"射击—观测—射击"能力，即当系统发射 2 枚导弹拦截 1 枚来袭导弹时，若有 1 枚导弹击毁了目标，另 1 枚导弹可以转向拦截另外的目标。

知识链接

◎ 以色列"箭"-2 地空导弹六联装发射装置

"箭"-2 地空导弹数据

项目	数据
弹长	7 米
弹径	0.8 米
弹重	1300 千克
最大飞行速度	9 马赫
拦截高度	8 ~ 50 千米
有效射程	70 千米（改进型达 148 千米）
制导方式	采用被动红外 + 主动雷达制导方式
1 套"箭"-2 系统最多能同时拦截 14 个目标	

火控与导弹引导雷达系统

　　火控与导弹引导雷达系统是具有搜索目标、指示目标、制导导弹等功能的火力控制系统，它通过计算机辅助系统，实现对整个防空导弹武器系统的综合有效利用。该系统的主要功用是：获取战场态势和目标的相关信息；计算射击参数，提供射击辅助决策；控制导弹武器的射击节奏，评估射击的效果。现代火控雷达与引导雷达系统具有多种有效的抗干扰手段和良好的目标探测与跟踪能力，具有自动化程度高、系统反应时间短、生存能力强、可靠性高等特点；具有一定的搜索能力，拥有较高的测量精度；可以同指挥仪、光学装置及电视、激光、红外等光电探测跟踪设备配合使用，以提高多目标探测能力和电子对抗能力。

149

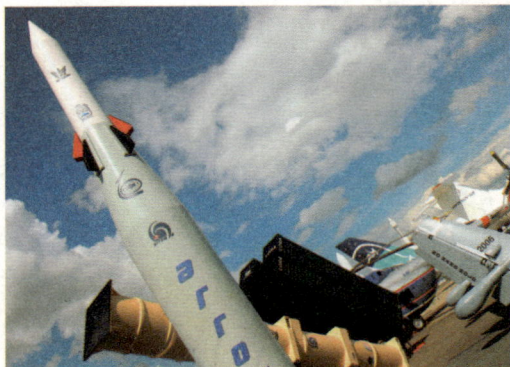

◎以色列"箭"-2地空导弹弹头

2017 年 3 月 17 日，以色列空军使用"箭"-2 地空导弹击落了向以色列领土飞来的叙利亚 1 枚 SA-5 地空导弹（苏联制 S-200 地空导弹）。这是"箭"-2 地空导弹武器系统首次用于实战，也是使用地空导弹首次成功拦截地空导弹的战例。

5. "箭"-3 导弹：专司反导

"箭"-3 弹道导弹防御系统（"箭"-3），是以色列国防部导弹防御组织与美国导弹防御局于 2008 年开始研制，以"箭"-2 地空导弹武器系统为基础，由以色列航空工业公司（IAI）的导弹部门进行生产的陆基反导系统。它是在大气层外拦截洲际导弹、特别是携带核弹头和生化弹头的弹道导弹的陆基反导系统。

2008 年 10 月，"箭"-3 弹道导弹防御系统研制的前期工作启动。2011 年 7 月，首次成功进行击落 1 枚模拟弹道导弹实验。2014 年 1 月，成功完成了第二次飞行试验。2015 年 12 月 10 日，完成全面拦截测试，成功击中太空中目标。2016 年具备初始作战能力，2017 年 1 月，首套"箭"-3 弹道导弹防御系统装备以军部队。

◎以色列"箭"-2、"箭"-3地空导弹

　　1 套"箭"-3 弹道导弹防御系统装备有 4 辆或 8 辆发射车，每辆车载运双联密封发射贮存筒状箱体（内装有 2 枚导弹），1 部车载"榛树"（升级型 HAZELNUT TREE）发射控制中心，1 部车载通信中心，1 部车载"香缘树"（升级型 CITRON TREE）火控中心和 1 套可移动"青松"（GREEN PINE，又译"绿松"）地基早期预警、火控与导弹引导雷达系统。"箭"-3 地空导弹与"箭"-2 地空导弹可共用许多系统，尤其是雷达与指挥控制系统。

　　"箭"-3 地空导弹长约 6 米，弹重 750 千克，拦截高度超过 100 千米，射程 2400 千米，测试的拦截弹道导弹成功率为 0.9，单个系统可同时拦截 5 枚弹道导弹目标，并具有反卫星能力。预计未来以色列可能会将"箭"-3 导弹防御系统配置于海军的水面舰艇上。

◎以色列"箭"-3 地空导弹发射　◎以色列"箭"-3 地空导弹双联装发射装置　◎以色列"箭"-3 地空导弹试射

6. "致昏者"导弹："魔杖"发威

"致昏者"地空导弹(STUNNER,音译"斯塔纳")是"大卫弹弓"(DAVID SLING,又称"魔杖",又译"大卫投石索")中程导弹防御系统的拦截导弹。由以色列军工企业拉斐尔先进防务系统公司和美国雷神公司联合研制,主要用于拦截远程火箭弹和射程 40 ~ 300 千米的近程弹道导弹。"大卫弹弓"中程导弹拦截系统的拦截对象介于短程"铁穹"地空导弹防御系统和中远程"箭"式导弹防御系统之间,是以色列多层主动防空体系的中间层防御系统,这也是以色列研制该系统的初衷,以弥补防空体系的空白区。

◎以色列"致昏者"地空导弹发射

"致昏者"导弹——以色列多层主动防空体系

　　"致昏者"地空导弹是以色列防空体系中的中程导弹。设计研制该型地空导弹的目的旨在击落来袭的战术导弹和短程弹道导弹,或者拦截体型较大的火箭弹,以弥补"铁穹"系统和"箭"系列地空导弹系统之间的空白。目前,以色列已完成了多型导弹研制部署,建成了火力密度大、多层次拦截的主动防空反导体系,以应对从近程火箭弹到中程弹道导弹的多种威胁。第一层为"箭"-3 地空导弹,用于高层反导;第二层为"箭"-2 地空导弹、"爱国者"-2 地空导弹,用于中近程中低层防空反导;第三层为"致昏者"中程地空导弹,用于中近程防空、低层近

　　2006 年，拉斐尔公司启动"大卫弹弓"中程导弹拦截系统项目早期研制工作。2007 年 10 月，展示了"致昏者"地空导弹的模型。2008 年 8 月，以、美正式开始该项目工程研制。2012 年 11 月 20 日，在试验中成功击落 1 枚弹道导弹靶弹。2013 年 11 月 20 日，以色列国防部和美国导弹防御局进行了"大卫弹弓"中程导弹防御系统的第二轮试验，成功击落了 1 枚弹道导弹目标。此后该系统又进行了 3 次成功测试。2017 年 4 月 2 日，以色列政府宣布，"大卫弹弓"中程导弹防御系统投入全面运行。

　　"大卫弹弓"中程导弹防御系统包括指挥系统、火控与制导雷达系统、发射装置及配套装备。每部发射架配置 16 枚"致昏者"地空导弹。可箱式

◎以色列"致昏者"地空导弹发射装置

程反导；第四层为"塔米尔"地空导弹、便携式地空导弹，"巴拉克"–1/2/8舰空导弹，"塔米尔"舰空导弹，用于近程短程低空防空。此外，以色列研制的激光防空系统和反无人机武器系统也计划在近期陆续投入使用。

以色列拉斐尔先进防务系统公司

　　拉斐尔先进防务系统公司是以色列第三家国有防务公司。它生产制造的"致昏者"导弹是与美国主要的航空公司联合生产的。公司还生产各种被动装甲、海军诱导装置、侦察飞艇系统、声波鱼雷对抗系统、陶瓷装甲、空中推动器，以及空空、空地、地地导弹。

◎以色列"大卫弹弓"防御系统 EL/M-2084 火控雷达

发射，亦可道轨发射；可作为陆基、海基和空基平台的拦截导弹。

"致昏者"地空导弹射高 30 ~ 70 千米，平均飞行速度 1000 米 / 秒，动力射程 70 ~ 280 千米，拦截弹道导弹的距离为 20 ~ 30 千米，动力系统为 2 级固体火箭发动机，使用双波段红外导成像引头主动雷达导引头，采用海豚鼻形弹头，以适应安装各种导引头需求。"致昏者"地空导弹是一种动能杀伤弹，采用红外 + 主动雷达制导方式。

◎以色列"致昏者"导弹采用海豚鼻形弹头

7. "塔米尔"导弹：拦杀火箭弹

"塔米尔"地空导弹（TAMIR）是"铁穹"防御系统（IRON DOME，又译"铁屋"）的拦截导弹。"铁穹"防御系统是以色列针对火箭弹威胁而研制的防御系统。该项目由以色列拉斐尔先进防务系统公司和以色列国防军共同完成。

2007 年 2 月，以色列国防部决定研制"铁穹"防御系统。2008 年 7 月，"塔米尔"地空导弹首次试射。2009 年 3 月，完成对整个系统的测试。2009 年 7 月，试验中成功拦截多枚"喀秋莎""卡桑"炮弹目标。2010 年 5 月，以色列向该项目投资 2.05 亿美元（最终实际投资超过 10 亿美元）。2011 年 4 月，能够拦截短程火箭弹和榴弹炮弹、独具特色的"铁穹"防御系统正式服役。

◎部署在以色列南部地区的"塔米尔"地空导弹

155

◎以色列"塔米尔"地空导弹二十联装发射装置

　　"铁穹"防御系统主要由 3 个部分组成：侦测跟踪雷达、战斗管理与武器控制系统（BMC）、导弹发射装置。EL/M-2084 多任务雷达既是目标搜索雷达，也是导弹制导雷达，该雷达对火炮弹丸的探测距离为 100 千米，对飞机和导弹的探测距离为 350 千米。BMC 系统能够对威胁优先排序，首先拦截威胁较大的目标。每套"铁穹"防御系统配备 6 部发射装置，每个发射装置配备 20 枚"塔米尔"地空导弹，能同时对付不同类型的空中目标。该系统防御面积可达 150 平方千米，可以拦截 4 ~ 70 千米范围内不同位置发射过来的炮弹或火箭弹。

知识链接

"铁穹"系统有多牛？

　　"铁穹"系统是以色列针对来自周边国家火箭弹威胁而设计的防空导弹武器系统。该系统问世后受到了广泛关注，得到了美国政府3亿多美元的支持。该系统的研发与功能设计上主要有几个特点：一是设计思想针对性强。面对来自邻国数以千计的火箭弹、迫击炮弹的威胁，以色列决定自行研制一种有效遏制威胁的防空武器系统，"铁穹"系统应运而生。二是研制速度非常快。从提出研制思想到完成系统研制的整个过程仅用了4年时间，这也反映出以色列的军工实力非常强大。三是拦截概率高。该系统机动性强、反应速度快，升级改进后的每个"铁穹"系统配备6×20

◎部署在以色列南部地区的"塔米尔"地空导弹

　　"塔米尔"地空导弹长 3 米，弹重 90 千克，弹径 0.16 米，射程 4 ～ 70 千米，导弹接近目标的速度为 800 ～ 1000 米 / 秒，高爆战斗部重 11 千克，使用近炸引信，采用主动雷达制导方式。

枚导弹，既可拦截射程70千米内的火箭弹，也可拦截数千米的迫击炮弹；投入作战使用后，保持了85%以上的拦截概率。另外，舰载"铁穹"系统于2017年11月完成一系列实弹测试工作，已具备初始作战能力。

　　其控制核心部件战斗管理与武器控制系统（BMC）BMC雷达探测到目标弹道信息，对信息进行分析，计算射着点，对目标进行拦截，在拦截导弹的飞行过程为其提供目标弹道的更新信息。BMC系统能够对威胁优先排序，首先迎击威胁较大的目标，如果BMC系统确定来袭弹药将坠落在无人区域，就不会发射拦截导弹。

◎以色列"塔米尔"地空导弹发射

　　"塔米尔"地空导弹装备以色列部队后曾多次参战，展示出良好的作战性能。2012 年 11 月 14—21 日加沙地带冲突期间，"铁穹"防御系统"塔米尔"地空导弹成功拦截了 421 枚巴勒斯坦武装组织发射的火箭弹，成功率达 90%。据初步统计，截至 2014 年年底，"铁穹"防御系统的"塔米尔"地空导弹至少拦截了 1200 枚来袭火箭弹。

二、舰空导弹

亚洲许多沿海国家的海军装备有舰空导弹，这些舰空导弹主要来自美国、俄罗斯、以色列和欧洲导弹集团。而能够自行研制舰空导弹的国家却寥寥无几。本部分主要介绍以色列与印度合作、法国与印度联合研制的 2 种型号舰空导弹。

1. "巴拉克"-8 导弹：中程盾牌

"巴拉克"-8 舰空导弹（BARAK-8）是以色列航宇工业公司（IAI）和拉斐尔先进防务系统公司（RAFAEL）与印度联合研制的中程舰空导弹。2013 年 8 月起陆续装备于以色列、印度的海军导弹护卫舰、导弹驱逐舰和航空母舰，于 2017 年年底安装部署完毕。

"巴拉克"-8 舰空导弹是在以色列研制的"巴拉克"-1 舰空导弹基础上研制的新型舰空导弹。"巴拉克"-1 舰空导弹于 20 世纪 80 年代初开始研制，1992 年正式装备以色列海军。2007 年 6 月，印度与以色列正式签署

◎ 以色列/印度的"巴拉克"-8 舰空导弹发射瞬间

◎印度试射"巴拉克"-8 舰空导弹　　◎以色列试射"巴拉克"-8 舰空导弹

合作开发"巴拉克"-8 舰空导弹的协议。2009 年 11 月，印度与以色列签署"巴拉克"-8 舰空导弹的后续开发、生产合约。在 2009 年 7 月 26 日，以色列在"萨尔"-5 型导弹护卫舰上成功试射"巴拉克"-8 舰空导弹。2010 年 5 月，"巴拉克"-8 舰空导弹进行了第二次成功试射。在 2012 年 5 月，"巴拉克"-8 舰空导弹再次试射成功。2014 年 11 月 10 日，以色列成功完成"巴拉克"-8 舰空导弹全系统试验。2016 年 12 月 30 日，印度海军在"加尔各答"级导弹驱逐舰上进行了"巴拉克"-8 舰空导弹的首次成功试射。

　　"巴拉克"-8 舰空导弹武器系统由舰载指挥控制系统、火控系统（相控阵多功能雷达）、八联装导弹发射装置和舰空导弹组成，系统可同时拦截多个来自不同方位、高度的空中目标。

　　"巴拉克"-8 舰空导弹长 4.5 米，弹径 0.25 米，弹重 275 千克，飞行速度 2 马赫，射程 70 ～ 100 千米，战斗部重 60 千克，使用新的双节脉冲固态火箭推进器，配备八联装垂直发射装置，方位 360 度防御，可应对来自掠海导弹和气动目标的饱和攻击，能够拦截近程弹道导弹，采用惯性 + 无线电指令 + 主动雷达制导方式。

2. SR-SAM 导弹：近程之盾

SR-SAM 舰空导弹是法国、印度联合研制的新型近程舰空导弹。印度国营研究与发展组织（DRDO）与欧洲导弹集团法国分公司在印度联合研发和制造短程地对空导弹系统（SR-SAM）项目，以满足印度海军和其他国家海军的需求。双方计划 SR-SAM 舰空导弹在 2018 年装备印度海军。

2013 年，印度国防研究与发展组织与欧洲导弹集团法国分公司签订了联合研制新型导弹谅解备忘录。2016 年 3 月 29 日，欧洲导弹集团在印度国际防务展上展示了一款印度和法国合作的海军用垂直发射近程舰空导弹（SR-SAM）的模型。

◎法国/印度 SR-SAM 舰空导弹模型

　　SR-SAM 舰空导弹武器系统主要包括指挥控制系统、火控系统、火控雷达和 1 套可以根据舰艇大小装备 8 ~ 16 枚导弹的垂直发射装置。SR-SAM 近程舰空导弹武器系统的拦截目标为飞机、超音速掠海反舰导弹、巡航导弹及无人飞行器，可拦截 360 度范围内同时来袭的多个目标。

　　SR-SAM 舰空导弹长 3.10 米，弹重 100 千克，弹径 0.165 米，射程 40 千米，导弹最大飞行速度 3 马赫，动力装置为无烟固体火箭发动机，使用主动雷达 / 触发引信，采用惯性 + 无线电指令修正 + 末段主动雷达制导方式，单发拦截成功率 0.7、双发拦截成功率 0.85。

◎法国/印度 SR-SAM 舰空导弹发射

第**6**章

防空导弹作战
使用：战例分析

自从有了防空导弹，针对敌方侦察、空袭的活动便有了"长空利剑"。几十年来，防空导弹在历次局部战争、军事冲突和国土防空中担当大任，成为杀伤敌机、导弹不可或缺的重要武器，令敌生畏，闻风丧胆。

一、贝卡谷地："萨姆"-6 导弹全军覆灭

1982 年 6 月 9 日，为夺取贝卡谷地战区制空权，以色列空军成功奇袭了部署在黎巴嫩贝卡谷的叙利亚"萨姆"-6 地空导弹群，19 个地空导弹连阵地瞬间变成一片废墟。此战经典之处在于，以军成功运用电子战手段为空袭创造了良好条件，彰显了高科技空袭的非凡战力，使得当时非常先进的苏制"萨姆"-6 地空导弹"饮弹蒙羞"，标志着现代战争已进入高科技时代。

◎1982 年贝卡谷地"萨姆"-6 地空导弹阵地

1. 作战经过

当日 14 时 12 分，以色列空军出动 1 架 E-2C 预警机、2 架电子干扰机和多架无人机飞向贝卡谷地。14 分，以色列埃其翁空军基地又出动 F-15、F-16、F-4 和 A-4 战斗机，直奔叙利亚在贝卡谷地的"萨姆"-6 地空导弹、雷达阵地。

几分钟后，叙利亚军阵地拉响了防空警报，指战员迅速就位，雷达开机搜索目标。很快，叙军雷达就发现了空中目标，"萨姆"-6 地空导弹相继发射，以色列的诱饵无人机接二连三地被击落。随后，叙军"萨姆"-6 地空导弹制导雷达遭到以军电子干扰，无法发现以军目标。以色列预先埋伏在贝卡谷地山脚下的"狼"式反辐射导弹首先对"萨姆"-6 地空导弹制导雷达发起了攻击，紧接着空军战斗机发射"百舌鸟"反辐射导弹攻击了"萨姆"-6 地空导弹制导雷达。只用 6 分钟时间，叙军 19 个"萨姆"-6 地空导弹系统寸功未立就变成了废铁。

◎ "百舌鸟"导弹

2. 战例剖析

此次战斗中，曾经威风一时的"萨姆"-6 地空导弹却在以色列空袭面前如此不堪一击，主要原因有三个：一是以色列空袭兵器使用多样化，既使用了预警机、干扰机、无人机、战斗机，还使用了地地反辐射导弹。二是战术运用灵活，既使用电子干扰，又使用诱饵机欺骗，先摧毁雷达，再消灭其他导弹设备。三是叙军地空导弹部队对突发情况缺乏快速有效的处置对策，只有挨打的份儿。

3. 应用启示

以军贝卡谷地空袭致使叙军的 6 个地空导弹群折戟沉沙，对现代防空作战主要有以下启示：一是随着高新技术的发展，防空作战将面临十分复

◎以色列"侦察兵"无人机

叙利亚军队贝卡谷地防空失利的原因是什么？

以色列空军之所以能够成功地摧毁叙利亚在黎巴嫩的防空体系，除了其师承的美军电子战、欺骗战、空袭战的战术娴熟因素外，更重要的是叙军防空战术错误的原因。一是叙军没有正确及时变换防空导弹阵地的位置，其部分"萨姆"导弹连竟有一年多不变换位置，完全违背了机动防空的原则。二是没有控制防空雷达开机与发射电磁波的节奏，导致防空系统电磁频率失密。三是没有设置假防空导弹阵地、假电磁辐射源、假红外辐射源等伪装和欺骗空袭的反摧毁措施。

杂的电磁环境，电子对抗不可避免，必须提高电子战能力。二是必须建立起一体化的防空预警侦察、指挥控制、武器装备体系，预有多种作战方案，实行多种武器装备配置，以抗击不同的空袭兵器。三是加强战场电磁频谱管制、保密，雷达应当有序工作，防止过早暴露。四是以骗对骗，设置地面诱饵雷达，引诱空袭兵器攻击，以保护己方雷达。五是加强部队实战化对抗演练，提高官兵素质，熟练战术技术运用。

二、海湾战争："爱国者"导弹名声大噪

1991 年的海湾战争中，美国陆军"爱国者"-2 地空导弹部队被派往战争前线，担负击落攻击以色列和沙特阿拉伯的伊拉克"飞毛腿"战术弹道导弹的任务。1991 年 1 月 18 日，"爱国者"-2 地空导弹武器系统成功摧毁了 1 枚发射到沙特阿拉伯上空的"飞毛腿"导弹。此战经典之处在于，这是第一次使用地空导弹武器系统击落敌方的战术弹道导弹，首次向世人证明了"以导反导"的可行性。此战也使"爱国者"地空导弹武器系统名声大噪。

◎ "爱国者"-2 地空导弹发射

电磁频谱

　　电磁频谱是由电磁波按波长或频率顺序排列的结构谱系。电磁波在一个振荡周期内传播的距离称为波长，每秒钟振荡的次数叫作频率。频率从低到高分为无线电波、微波、红外线、可见光、紫外线、X射线和γ射线。频率分为9段：甚低频（VLF）、低频（LF）、中频（MF）、高频（HF）、甚高频（VHF）、特高频（UHF）、超高频（SHF）、极高频（EHF）和至高频（THF），对应的波段为甚长波、长波、中波、短波、米波、分米波、厘米波、毫米波和丝米波。电磁频谱具有三维性、有限性、共享性和排它性的特征。

1. 作战经过

当日，1 枚改进型"飞毛腿"B 式地地战术弹道导弹从伊拉克中部发射升空，攻击沙特阿拉伯首都利雅得。"飞毛腿"导弹升空 16 秒时，美国 DSP 导弹预警卫星的红外望远镜跟踪到"飞毛腿"导弹的尾焰，并及时将目标飞行轨迹的各种诸元（速度、方向、弹道倾角、位置）传送给地面卫星站。地面站计算后，将"飞毛腿"导弹的飞行弹道和弹着点数据发送到部署在沙特的"爱国者"-2 地空导弹阵地。"爱国者"-2 地空导弹武器系统指挥控制中心多功能相控阵雷达开机，在距阵地中心 100 多千米处捕捉到目标后发射导弹。"爱国者"-2 地空导弹以 38 度倾角升空，飞行 60 秒左右，当目标进入"爱国者"-2 地空导弹的杀伤半径之内时，弹上无线电近炸引信引爆战斗部，将这枚"飞毛腿"地地导弹击落。

◎ "飞毛腿"地地导弹残骸

2. 案例剖析

"爱国者"-2 地空导弹之所以能够成功拦截"飞毛腿"地地战术弹道导弹，主要有两个原因。

一是美军拥有完整的反导系统。美军使用了先进的天基预警侦察系统、C3I 指挥控制系统、武器拦截系统。天基卫星获取的目标信息及时传送到指挥控制系统和拦截武器系统，使"爱国者"-2 地空导弹武器系统的反导性能得以发挥。

二是伊军"飞毛腿"弹道导弹自身存在致命弱点，其飞行弹道是在地面预先设定的，发射后弹道不能改变。美军正是利用了这一点，计算出起飞后的"飞毛腿"导弹飞行轨迹、落点，使"爱国者"-2 地空导弹制导雷达能够及时准确地捕捉到目标并将其击落。

◎ "爱国者"-2 地空导弹制导雷达

3. 应用启示

"爱国者"-2 地空导弹武器系统击落"飞毛腿"弹道导弹，标志着防空作战已进入新的历史阶段，表明"导弹打导弹"既是可能的，也是可行的。主要启示有：首先，基于信息系统的反导作战体系能力是取得反导作战胜利的物质基础，及时准确的情报信息是反导作战的核心前提，提高拦截武器性能是反导作战的关键因素。其次，未来防空作战，不仅包括反飞机，也包括反导弹，一体化的防空反导作战将成为未来战争中的基本作战样式，直接影响战争的胜败。

三、科索沃之战："夜鹰"隐身机折戟

1999 年 3 月 27 日，是北约对南斯拉夫联盟轰炸的第 3 天。这天晚上，南人民军空军与防空部队第 250 导弹旅第 3 营在塞尔维亚北部的斯雷姆地区上空，一举击落了美空军编号为 82-0806 的 F-117A 隐身战斗机。此战经典之处在于，南军成功运用伏击战术和近快战法，达成了战斗的突然性，使传统战法焕发青春，打破了"隐身战机不可击落"的神话。

1. 作战经过

南斯拉夫当地时间 20 时前后，设伏在斯雷姆地区的第 250 导弹旅第 3 营接到通报，有敌机自西部进入南斯拉夫领空，距离约 80 千米，高度 7.5 千米。

当 F-117A 战斗机完成轰炸任务返航时，导弹第 3 营捕捉到目标后，关掉雷达天线，战斗人员做好了随时发射导弹的准备。

21 时 45 分，目标飞至导弹阵地上空大约 15 千米时，雷达手再次开启雷达天线，准确地捕捉到了目标。随着第 3 营营长佐尔丹少校 "手控跟踪""发射！"一连串的命令，只见两团火焰腾空而起，大约 20 秒后就见一团火球自夜空坠落。这个坠落在贝尔格莱德以西 40 千米处布贾诺维奇村的火球就是被"萨姆"-3 地空导弹击落的 F-117A 隐身战斗机！

◎美国 F-117A 隐形战斗机

2. 战例剖析

　　不可一世的 F-117A 隐身战斗机之所以被南地空导弹部队击落，主要原因有两个方面。一方面，南地空导弹部队战斗准备充分。战前，南斯拉夫导弹与防空部队对 F-117A 的技战术与活动规律进行了仔细研究、精确计算，反复演练战斗操作动作，提前隐蔽部署伏击兵力，使每名士兵都十分

◎ 苏制"萨姆"-3 地空导弹

171

清楚自己在这 20 秒中的一举一动都关系到导弹与防空部队的安危和战斗的成败；战中，南军防空部队密切协同，警戒雷达接替开机，情报信息及时准确，指挥控制果断坚决，战斗方法运用娴熟，操作动作快速准确。另一方面，F-117A 飞行员目中无人，对南军防空部队战力心中无数，飞行航线固定不变，对突然情况没有应对手段。

3. 应用启示

南军击落 F-117A 隐身机的战例对世界各国军队都有很好的启示：

（1）高技术条件下的空袭与防空作战是体系对抗。弱势的一方如果运用好了技战术，仍然可以取得防空战斗的胜利；而强势的一方如果目空一切、掉以轻心，即使拥有先进的兵器，也可能导致失败。

（2）决定战斗胜负的决定因素是人而不是一两件新式武器。南军防空部队充分发挥人的主观能动性，培养造就精兵强将，在兵器性能发挥上挖掘最大潜力，在战术运用上追求最佳效益，各兵种密切协同，技战术紧密结合，最终打出了防空作战一片新天地，令世界瞩目。

◎ 被南斯拉夫人民军击落的美国 F-117A 战斗机残骸

第 **7** 章

防空导弹的未来发展

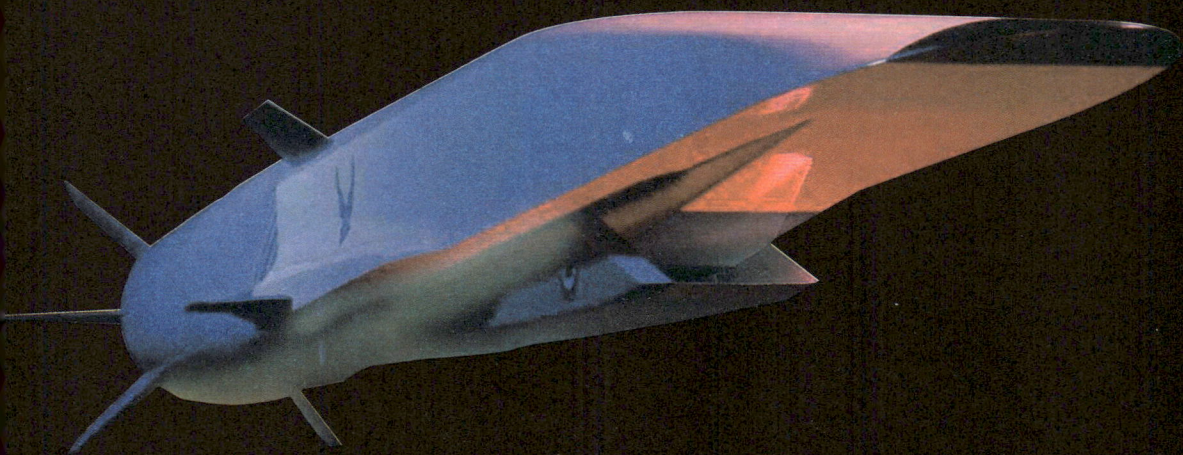

随着高新技术特别是"颠覆性"技术的发展及其在军事领域的广泛应用，空天袭击与空天防御武器应运而生，人类战争已开始步入信息化、无人化、智能化、空天一体化的新时代。防空导弹武器以前是、现在仍是最先进的智能高技术兵器类型之一。作为未来防空作战的重要物质基础，防空导弹武器系统在应对更加复杂的空天威胁、网络威胁、信息威胁和火力威胁的形势下，如要更好地担负起更加繁重的使命任务，则需要新的发展，拥有新的作战能力。

一、空天袭击与防御的新特点

未来只要有战争，空天袭击与防御就始终是一对不可调和的矛盾。随着科技的发展，空袭与防空的手段多样化，呈现出一些新的特点。

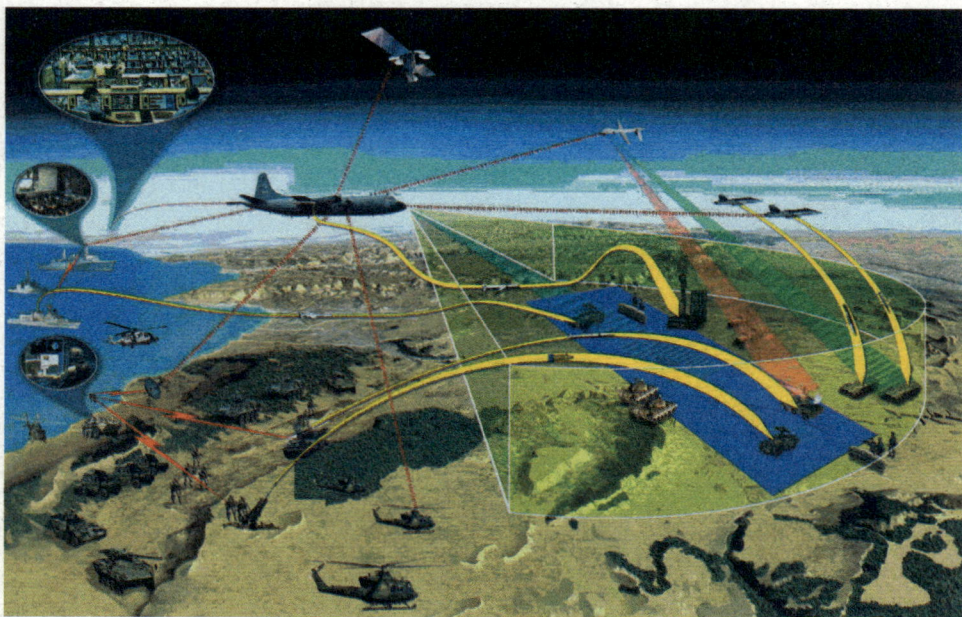

◎空天袭击作战示意图

1. 空天袭击的新特点

目前，一些国家和地区积极研究空天袭击的理论，发展空天进攻手段，重点发展无人化、智能化、信息化、高超音速武器装备，演练空天袭击的作战方法。根据对一些军事强国的进攻作战思想、作战方式和军事技术发展等综合分析，未来空天袭击可能有以下特点。

（1）联合性。达成信息化条件下空天袭击的目的，单一军种已无力完成空天袭击的使命任务，需要依靠天军、空军、海军、陆军、网军等诸军兵种联合实施进攻行动，一体作战。

（2）无人化。一些国家研制的空天飞机、高超音速导弹、弹道导弹、无人机"蜂群"、隐身无人机，正在使未来战争形态向无人化方向发展。为减少人员伤亡，快速取得作战效果，进攻方必将大量使用无人武器袭击敌方重要目标。

◎无人机"蜂群"作战示意图

（3）多维性。随着武器装备日渐信息化、电子化、智能化和人们对作战空间的不断探索，空天袭击作战一方为了有效瘫痪防御方作战体系，将不仅仅在陆、海、空、天等有形战场实施兵力和火力打击，同时还将以电子战、网络战、心理战等形式在电磁空间、网络空间和认知领域向防御方发起攻击。

（4）即时性。以快胜慢是未来战争的制胜规律之一。进攻方将使用高超音速导弹、滑翔弹药、空天飞机、弹道导弹和超音速巡航导弹等高速度武器，对防御方的核心目标实施全球即时精确打击，以获得最大的军事效益。

（5）智能化。人工智能技术打造了智能武器。未来进攻方将使用智能武器装备，实施无人攻击、精确攻击、非接触作战、非对称作战，以快速决策、快速行动、快速评估管理战场，夺取和保持战争制信息权、制网权、制天权、制空权和制海权。

◎ 高超音速飞行器

2. 空天防御的新特点

针对一些国家和地区积极发展空天袭击手段和未来作战特点，实行积极防御战略的国家也在积极研究防空反导作战理论，发展空天防御武器，演练空天防御作战方法。未来空天防御可能有以下特点。

（1）防御空间立体化。随着高新技术不断应用于武器装备系统，航空航天武器装备越飞越高，留空（天）时间越来越长，飞行速度越来越快，使空天防御空间维度不断扩大——太空战场成为赢得战争的制高点，临近空间战场正在加速开发，空中战场边界不断延伸，网络空间战场跨越国界，防御的立体化特点十分明显。

（2）防御环境复杂化。"软硬"一体的空袭手段，使得空天防御作战环境日趋复杂。一方面，来自太空、临近空间、空中、地面（下）和海上（下）的空天飞机、弹道导弹、高超音速飞行器、巡航导弹、精确制导

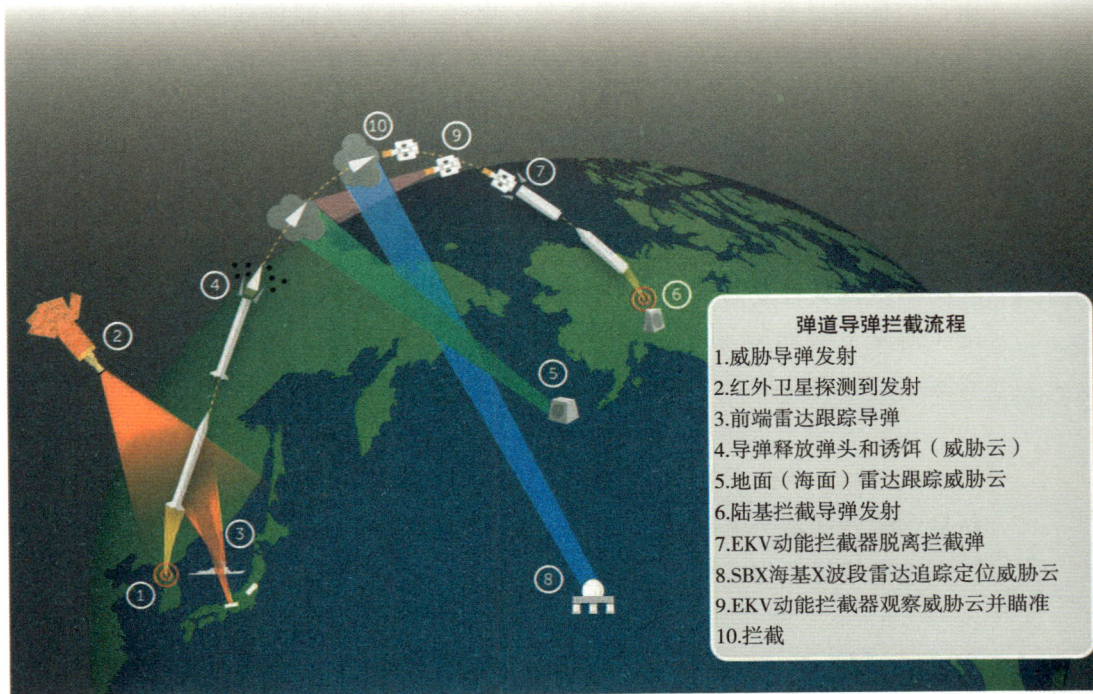

弹道导弹拦截流程
1.威胁导弹发射
2.红外卫星探测到发射
3.前端雷达跟踪导弹
4.导弹释放弹头和诱饵（威胁云）
5.地面（海面）雷达跟踪威胁云
6.陆基拦截导弹发射
7.EKV动能拦截器脱离拦截弹
8.SBX海基X波段雷达追踪定位威胁云
9.EKV动能拦截器观察威胁云并瞄准
10.拦截

◎美国导弹防御系统拦截分工示意图

177

◎未来战场复杂防御环境示意图

炸弹、电磁脉冲炸弹袭击，使火力威胁日益加剧。另一方面，来自网络、电磁空间的计算机病毒、逻辑炸弹、电子干扰及武器挂载的诱饵弹等"软杀伤"，使得防御作战的电磁环境在"空域"上纵横交错，"时域"上持续不断，"频域"上密集重叠，"能域"上复杂多变，空天抗击行动越加困难。

（3）防御行动一体化。空袭行动的一体性，也迫使空天防御行动必须联合实施、一体行动。既要防御来自太空空间武器装备的侦察与袭击，又要防御来自临近空间武器装备的侦察与袭击，还要防御来自空中武器装备、陆（海）上武器装备及网络电磁空间的侦察与袭击。未来空天防御作战只有实施一体化防御，才能获得战场主动权。

（4）防御武器多样化。有矛进攻，就要有盾来防御。空天防御需要坚盾。随着新材料、新技术的不断发展，高射速的新型高射炮、新一代地空导弹、新概念激光武器与电磁导轨炮、反卫星武器等防空武器正在走上战争舞台，将在未来战场上与多样化的空袭兵器展开殊死较量。

（5）信息处理实时化。信息是空天防御行动的主导。防御体系的陆、海、空、天、电磁（网络）多维度侦察预警和大数据中心、云计算平台结合的指挥控制系统，实时的目标监视、准确的信息识别、快速的信息传输，为拦截武器系统抗击作战行动提供准确、实时近实时、安全的情报信息，将使各种防空兵器发挥更佳的作战效能。

二、防空导弹发展趋势

在战略需求牵引、科技驱动、战争实践催生下，防空导弹不断升级改进、更新换代，形成代际发展。目前，防空导弹已形成了四代现役装备，正在发展第五代装备，并探索五代后防空导弹技术。根据一些国家近些年发展防空导弹武器系统的动向分析，在系统研制方面，将采用基本型、系列化、通用化发展模式，致力于提升多任务能力；在防御领域方面，将拓展至临近空间、外层空间、网电空间"三空"新域，实现作战空间全域覆盖；在体系建设方面，将重视研发开放协同、即插即用、互联互通技术，打造

◎美国国家导弹防御系统指挥控制中心

179

一体化防空反导作战体系；在新技术拓展方面，将面向新型空天威胁，注重增强实战能力，提升系统作战效能；在制造生产方面，将运用智能制造、增材制造等方式，不断提高生产效率，显著降低制造成本。因此，未来防空导弹武器系统发展的重点是具有一体化的作战能力。所谓一体化作战能力应当包括：拥有拦截直升机、无人机、隐身机、战斗机、轰炸机、巡航导弹、弹道导弹、临近空间目标、卫星等不同能力。在这一指导思想下，防空导弹将可能有以下发展趋势。

1. 空天防御体系的建设：一体化

未来空天防御任务日趋艰巨，防空作战样式日趋多样，防御战场环境更加复杂，防御能力要求越来越高，要求现代防空作战必须是集防空、反导、防天、防网于一体的体系作战，才有胜算的可能。未来空天防御体系结构将主要包括空天侦察预警系统、空天防御指挥控制系统、空天目标拦截与反击系统和空天防御保障系统。

目前，世界一些国家正在进行空天防御体系建设，其终极目的就是国家重要的政治、军事、经济和民生设施（目标）提供一个强有力的空天安全保护伞。

2. 防空导弹武器系统的建设：远程、多能、协同化

当今世界科技创新风起云涌，主要国家发展军事前沿技术与"颠覆性"技术成为潮流。科技进步仍然是推动防空导弹发展最根本的源动力。以空天防御体系作战能力为牵引，以信息技术为核心，软件技术、微光电子技术、微系统技术、火箭技术等高新技术不断深化、融合与集成发展，推动着未来防空导弹的发展建设将趋于远程、多能、协同化。

（1）远程化。远程化是指防空导弹应适应超远距拦截空天目标的任务特性。防空导弹武器远程化，可以获得多次拦截机会，进而大大增强武器装备的作战效能。俄罗斯研制的 S-500 地空导弹武器系统，是在"萨姆"系统的系列导弹基础上研制出来的第五代地空导弹武器系统。与以往地空导弹武器系统相比，这种新型地空导弹武器系统在技术上实现了质的飞越。

该系统具有机动能力强、多通道防空与末段高层反导、低轨道防天相结合的多能化特征。其系统作战能力设计包括可拦截空气动力目标（飞机、无人机、直升机）、弹道目标（弹道导弹、巡航导弹）和临近空间飞行器、低轨卫星目标。1 个基本作战单元可同时拦截 10 个空中目标，拥有"来什么目标，就用什么导弹打"的作战能力，是现阶段和未来一段时间内最典型的远程化地空导弹武器系统。

　　S-500 地空导弹武器系统配备的 77N6N 地空导弹，是远程防空与末段中低层反导型地空导弹。其在防空作战时，射程 400 ～ 600 千米、射高 30 千米；反导作战时，射程 200 千米、射高 70 千米。而 77N6N1 地空导弹是末段高、中、低层反导型地空导弹，其射程、射高都达到 200 千米以上，

◎俄罗斯 S-500 地空导弹武器系统

反导拦截高度比 77N6N 地空导弹提高约 2 倍，具备反临近空间目标、战略反导和反高超声速目标能力。

（2）多能化。多能化是指防空导弹武器系统应具备多类多域目标打击、多目标有效毁伤、多样化使命任务的特性，也就是"一型多能""一型多用"的能力。在未来复杂战场环境中，导弹多能化可提升武器系统的战场应变性，更有效地应对各种空天袭击，包括应对多元化空袭兵器的威胁。美国正在完善的"标准"-6 舰空导弹，在试验中验证了该系统既能抗击战斗机、无人机、直升机，也能拦截巡航导弹和近程弹道导弹，还能攻击水面舰艇，是现阶段和未来一段时间内最典型的多能化舰空导弹武器系统。

（3）协同化。协同化是指防空导弹武器系统应以导弹群或导弹族的方式，适应分布式作战要求，实现协同作战的特性。防空导弹通过与己方外部传感器、作战指挥平台的协同，可以扩大目标信息来源并提升武器系统的探测远界；通过与己方外部防空导弹协同，可以从不同方向、不同高度拦截不同目标，将会大幅提高拦截空天目标的成功概率。俄罗斯正在发展的 S-500 地空导弹武器系统通过技术集成，可指挥协调 S-300、S-400 地空导弹武器系统进行协同作战；美国的"萨德"反导系统经过技术集成，可指挥协调部署在陆地的"爱国者""标准"系列地空导弹和部署在海上的"标准"系列舰空导弹实施联合防空反导作战。美国、俄罗斯这两型防空导弹是现阶段和未来一段时间内最典型的协同化地空导弹武器系统。